DIE
GEISTESKRÄFTE DER MENSCHEN
VERGLICHEN
MIT DENEN DER THIERE.

EIN BEDENKEN GEGEN DARWIN'S ANSICHT ÜBER DENSELBEN GEGENSTAND.

Von

LUDWIG STRÜMPELL,

PROFESSOR AN DER UNIVERSITÄT ZU LEIPZIG.

LEIPZIG,
VERLAG VON VEIT & COMP.
1878.

Druck von Metzger & Wittig in Leipzig.

Vorwort.

Die vorliegende Abhandlung ist in Folge eines öffentlichen Vortrages entstanden, den ich hier in Leipzig gehalten habe. Die lebhafte Theilnahme, mit der dieser Vortrag angehört wurde, vertiefte auch mein eigenes Interesse für den Gegenstand, und so entschloss ich mich, meine Gedanken über ihn niederzuschreiben. Möchten sie für Manchen eine anregende Erinnerung und für jeden Leser lehrreich genug sein, dass es ihm angenehm ist, sie gelesen zu haben.

Leipzig, den 8. April 1878.

Der Verfasser.

Wer die Frage aufwirft, wie die Geisteskräfte des Menschen sich zu denen der Thiere verhalten, der will wissen, ob Beide, Mensch und Thier, dergleichen Kräfte gemeinsam haben oder ob der Mensch solche Kräfte hat, die das Thier nicht hat, ob die Geisteskräfte, durch die der Mensch erfahrungsmässig das Thier übertrifft, nur Steigerungen, erweiterte Fortbildungen thierischer Geisteskräfte sind oder aber sich von diesen eigenartig unterscheiden, also nicht bloss graduell, sondern inhaltlich, specifisch andere, als jene, sind. Diese Frage hat in unserer Zeit eine grössere Bedeutung gewonnen, als sie jemals hatte; ja, sie ist eigentlich erst in unserer Zeit ein Gegenstand wissenschaftlicher Untersuchung geworden.

Früher wurde die Frage im Allgemeinen mit grosser Uebereinstimmung dahin beantwortet, dass der Mensch allerdings eine gewisse Anzahl und gewisse Arten von Geisteskräften mit dem Thiere gemeinsam habe, andere aber von ganz besonderer Beschaffenheit besitze, in denen sich seine von der Thiernatur gänzlich abweichende Wesenheit ausdrücke. Der Mensch sei zum Theil thierischer, irdischer, zum Theil überirdischer, göttlicher Beschaffenheit. So habe das Thier zum Beispiel auch sinnliche Empfindungen und Wahrnehmungen, nebst einem zeitweiligen Behalten und Gedächtniss derselben, — aber keine Begriffe und Ideen; es habe auch sinnliche Begierden, Instincte, Affecte und Leidenschaften, — aber keinen vernünftigen Willen; es habe allerlei Gefühle des Angenehmen und der Lust, — aber kein Gefühl für Schönheit, für Recht und Unrecht, für das Gute und Böse. Alle diese Zustände, inneren Erlebnisse und Thätigkeiten, durch welche der Mensch das Thier überrage, sollten auch völlig unabhängig von jenen ersteren gemeinsamen aus einer ganz anderen Quelle des menschlichen Wesens entspringen und dieses als ein eigenartiges, mit einer ganz anderen, als der sinnlichen Welt, in Verwandtschaft stehendes Wesen kennzeichnen.

Neben dieser Auffassung lief gleichzeitig eine andere, damit zusammenhängende Anschauung der Welt nebenher. Man fragte nämlich auch nach dem Ursprunge der grossen Gruppen, nämlich des Pflanzen-, Thier- und Menschenreiches, in die man die lebenden Geschöpfe auf der Erde zerlegt hatte. Diese Frage war im Alterthum in einer von der Theologie meistens unabhängigen Weise verschieden beantwortet, erhielt aber später, als die christliche Theologie dazu kam, eine bestimmte dogmatische Erledigung. Gott als allmächtiger Schöpfer hat in verschiedenen Zeiten, sei es nach Ablauf eines Tages oder einer längeren Zeitstrecke die Welt in Absätzen hervorgebracht und jedem Inhalte eines einzelnen Schöpfungsactes seine besonderen Eigenthümlichkeiten mitgegeben. Zugleich hat er die Art und Weise bestimmt, wie und worin jene Inhalte sich sowohl unter einander in Verbindung zu setzen, als auch sich selbstständig in ihrer Natur weiter zu entwickeln und auszubilden verpflichtet sein sollten. Diese letztere Ansicht ist dann auch grösstentheils selbst von solchen Männern angenommen und festgehalten, welche die Geschichte der Erdoberfläche und dessen, was sich im Laufe der Jahrtausende in und auf ihr hervorgebildet hat, näher studirten. Auch sie hielten daran fest, dass eine Anzahl entweder getrennter Schöpfungsacte oder doch wenigstens getrennter Bildungsperioden stattgefunden und die bestehenden Unterschiede der Reiche, sowie die darin bestehenden Provinzen und Kreise, Gattungen und Arten als gleich von vornherein fertige bewirkt habe. Diese Ansicht kann man sich bildlich so vorstellen, als ob jedes Reich ein gesonderter Wald sei, der viele ganz verschiedene Arten von Bäumen enthält, von denen jede wiederum ihren eigenen, gesonderten Stammbaum hat.

Dies ist nun aber seit einiger Zeit anders geworden. Mehrere durch Kenntnisse und Scharfsinn hervorragende Naturforscher, die auf dem Gebiete des organischen, insbesondere des thierischen Lebens arbeiteten und unter denen in unserer Zeit der Engländer Darwin die berühmteste Stelle einnimmt, haben die Ueberzeugung gewonnen, dass alle organisch constituirten Wesen in ihrer Entstehungs- und Bildungsgeschichte in einer unermesslich langen Kette von Fort- und Umbildungen aus gewissen Urkeimen zusammenhängen. Die

Glieder, Hauptabtheilungen und Abzweigungen dieser Kette haben nicht etwa durch neue Ansätze begonnen, sondern sind bei wechselndem Stoffe ihrer Form nach nur Neubildungen, die durch allmälige und continuirliche Abänderungen schon früherer Inhalte und Formen hervorgetreten sind. Es werden gewisse Umstände und Verhaltungsweisen als diejenigen Ursachen namhaft gemacht, welche in den Keimen und den herausgebildeten Geschöpfen oder unter und zwischen ihnen und der sie umgebenden Natur wirksam gewesen sein sollen und aus deren Wirksamkeit die reale Möglichkeit solcher continuirlichen Fortbildung verständlich werde. Diese Annahme, sagen sie, habe in Rücksicht auf bestimmte noch jetzt erfahrungsmässig nachweisbare Gleichheiten oder Aehnlichkeiten in der Beschaffenheit oder Entstehungsweise einzelner Theile scheinbar ungleichartiger Geschöpfe und in Rücksicht auf die ebenso bestimmt noch jetzt nachweisbaren Ursprünge gewisser Umbildungen des schon Vorhandenen in neue Formen und Eigenschaften, namentlich an den Hausthieren, den höchsten Grad der Wahrscheinlichkeit.[1]

Zu dieser Auffassung der Welt organischer Wesen gehört dann selbstverständlich auch die Ansicht, dass der Mensch gleichfalls nur die Fortsetzung früherer thierischer Organismen sei, oder, specieller ausgedrückt, dass er in seine uns jetzt bekannte Existenzweise durch Abstammung von einem vor ihm existirenden Thiere eingeführt sei. Ob dieses Thier, von dem der Uebergang in menschenartiges Dasein stattfand, zu einer der jetzt noch lebenden Affenarten gehörte, was aber unwahrscheinlich sei, oder ob es zwar ein affenartiges, aber doch über die anderen damaligen Affen schon hinausgebildetes, jedoch noch vor der Menschennatur eine Zeit lang beharrendes, jetzt aber nicht mehr auffindbares, oder wenigstens bis jetzt noch nicht aufgefundenes Geschöpf gewesen sei: dies ist streng genommen für den Sinn und Geist der Lehre ganz gleichgiltig. Offenbar kann nun aber für diese Ansicht das oben gebrauchte Bild von vielen Stammbäumen nicht mehr gebraucht werden. Jetzt ist alles Lebendige, insbesondere alles Thierisch-Lebendige, den Menschen mit eingerechnet, nur unter dem Bilde eines einzigen Stammbaumes zu denken, aus dem aber viele Zweige hervorgewachsen sind, die so aussehen, als ob jeder für sich selbst ein Baum, das heisst, eine eigene und von Anfang an selbstständige Art von Thier wäre.

Es ist nun nicht meine Absicht, über diese Lehre von ihrer naturwissenschaftlichen Seite ein Urtheil auszusprechen. Zu einem solchen würde mir alle Berechtigung fehlen. Meine Absicht ist nur, denjenigen Bestandtheil der Beweisführung oder der Begründung dieser Lehre, der mit meinen eigenen Studien zusammenfällt, mit einigen Worten zu beleuchten und von meinem Standpunkte aus einige Bedenken dagegen zu erheben. Dieser Bestandtheil ist psychologischer Art und liegt in denjenigen Sätzen, welche die Abstammungslehre des Menschen vom Thier über das Verhältniss der Geisteskräfte beider Geschöpfarten aufstellt.[2] In dieser Hinsicht wird nämlich von ihr behauptet:

1. dass zwischen dem Geistesleben eines der niedrigsten Wilden und demjenigen des höchsten Thieres, etwa des höchst organisirten Affen, allerdings ein ungeheurer Unterschied stattfinde, für jede Art menschlicher Geisteskraft jedoch ein Ansatz oder ein Anfang in gewissen noch jetzt lebenden Thieren sich nachweisen lasse.

2. diese Ansätze oder Anfänge des Geisteslebens im Thier seien durchaus von derselben Art und Beschaffenheit, wie die entsprechend höher ausgebildete Seite des Geisteslebens im Menschen. Zwischen den Geisteskräften des Menschen und des Thieres finde kein wesentlicher, specifischer, eigenartiger, sondern nur ein gradueller Unterschied statt. Dies heisst also: auch das Thier habe dieselbe Art von Verstand, wie der Mensch, nur einen viel schwächeren, dieselbe Anlage zur Moralität, zur ästhetischen Gefühls- und Urtheilsweise, zur Religion, wie der Mensch, nur nach jeder dieser Seiten immer erst viel weniger, als der Mensch, und in einzelnen Fällen vielleicht auch nur erst eine äusserst schwache, aber immer noch nachweisbare Spur.

3. die allmälige Ausgleichung dieses Unterschiedes, das heisst, die allmälige graduelle Steigerung jener Geistesanfänge im Thier bis zu ihrer Höhe im Menschen sei durch dieselben Mittel zu Stande gekommen, welche die Abstammungslehre für die allmälige Entwicklung der Thierwelt auf der Erde überhaupt als allgemein giltig und ausreichend nachgewiesen habe.[3]

Diesen Sätzen stelle ich nun ebenso viele theils directe Verneinungen, theils Beschränkungen gegenüber, und werde insbesondere zu beweisen suchen:

1. dass zwischen den menschlichen Geisteskräften und analogen Zuständen und Verhaltungsarten der Thiere allerdings innerhalb gewisser Grenzen unzweifelhaft eine Gleichartigkeit besteht, in anderen Punkten aber der Mensch durch eigenartige, specifische Unterschiede geistiger Art vom Thiere abweicht, das heisst, Bestandtheile in seinem Geistesleben besitzt, von denen im Thiere gar keine vorhanden sind, durch die vielmehr der Mensch sich wesentlich vom Thiere in geistiger Hinsicht unterscheidet, und

2. dass in Betreff dieses specifisch Unterschiedlichen die Annahme einer graduellen Steigerung des Gleichartigen behufs der Ausgleichung des Unterschiedes undenkbar ist, vielmehr die Fortbildungsweise oder die Entwicklungsart, wie die Abstammungslehre sie denkt, auf die geistigen Kräfte des Menschen nicht passt, die Geistesfortbildung des Menschen vielmehr schon innerhalb der ersten Anfänge, die der Mensch noch mit dem Thier gemeinsam hat, ganz anderer Art ist, wie sie beim Thier überhaupt nicht vorkommt.

Ehe die Beweise für diese Sätze beigebracht werden, ist es nöthig, einige Bemerkungen rücksichtlich der Mittel vorauszuschicken, deren man sich in unserem Falle bedienen kann, um überhaupt über das Geistesleben der Thiere ein Urtheil zu gewinnen, das darauf Anspruch machen darf, etwas Thatsächliches auszusprechen. Es wird von den Thieren so ausserordentlich Viel erzählt, das ihre geistige Befähigung anzeigen soll, wogegen man aber gerechte Zweifel erheben darf. Es fragt sich also, welche Umstände bei einer Vergleichung der Geisteskräfte des Menschen mit denen der Thiere in Betracht kommen und von denen es abhängt, ob diese Vergleichung und das darauf gestützte Urtheil eine gewisse Sicherheit und Richtigkeit erwarten könne.

Eine Vergleichung der Geisteskräfte des Menschen mit denen der Thiere kommt hier nur insofern in Betracht, als man auf beiden Seiten wirklich Thatsächliches, erfahrungsmässig Gegebenes glaubt ermitteln und feststellen zu können, um es dann mit einander zu vergleichen. Abgesehen nun davon, dass es schon in Betreff des menschlichen Geisteslebens, dasselbe für sich betrachtet, sehr schwierig ist, die thatsächlichen Bestandtheile desselben correct, vollständig und mit hinreichender Fasslichkeit auf dem Wege der Beobachtung aufzuweisen, — Schwierigkeiten, die wir hier als zum Theil überwindbar zugeben wollen —, verhält sich die Sache doch ganz anders, wo es sich um die Feststellung eines Thatsächlichen handelt, das in dem Inneren eines Thieres vorhanden sein soll. Wir entbehren bekanntlich jedes Mittel, uns auf directem Wege in eine gegenseitige Verständigung mit den Thieren zu setzen; uns steht vielmehr nur eine Anzahl gewisser äusserer Ereignisse oder, wenn man will, Verhaltungsarten und Handlungen der Thiere gegenüber, die wir glauben als Symbole oder Anzeichen gewisser innerer Vorgänge auffassen zu dürfen, und zwar solcher Vorgänge, die wir alsdann nach Analogie mit unseren eigenen Zuständen und innern Verhaltungsarten deuten. Jeder muss zugestehen, dass dieser Umstand, wonach wir nur an diese Aeusserlichkeiten, wie Töne oder Bewegungen oder Veränderungen in der Stellung des ganzen Körpers oder einzelner Glieder, gebunden sind, welche wir an Thieren bald in ihrem Einzelleben bald in ihrem Verkehr mit uns oder mit Ihresgleichen oder überhaupt mit der Natur wahrnehmen, für eine sichere Taxation des zu denselben gehörigen Innerlichen höchst misslich ist. In gewissem Sinne und innerhalb gewisser Gränzen verhält es sich ähnlich allerdings auch mit unsrer Beziehung der Aeusserungen an anderen Menschen auf deren Inneres: auch das Innere eines anderen Menschen können wir direct nicht beobachten. Allein hier besitzt unsere Deutung eine grosse Anzahl von unterstützenden Mitteln, durch die man allmälig sich gegenseitig verständigt und schliesslich auf Grund sich stets controlirender Deutungen die allergrösste Wahrscheinlichkeit gewinnt, dass es in dem fremden Menschen so und nicht anders hergeht, als wie wir es annehmen. Dergleichen Mittel fehlen uns für die Beobachtung und Deutung der thierischen Aeusserungen auf deren inneres Geistesleben so gut wie gänzlich.

Dazu kommt ein anderer sehr bedenklicher Umstand. Es liegt im Menschen tief begründet eine Neigung, seine eigenen Zustände, Empfindungen, Gefühle, Begehrungen und Interessen mit den Wahrnehmungen und Vorstellungen der Dinge in der Aussenwelt zu verbinden und diese Zustände den Dingen als ihnen zugehörige zuzuschreiben. Den psychischen Process, in welchem diese Neigung wurzelt, kann man am besten als eine Neigung zur Vergeistigung der Aussenwelt bezeichnen. Derselbe wirkt selbstverständlich am stärksten da, wo die bezüglichen Dinge für lebendig und selbstempfindend, für wahrnehmend und in gewissem Sinne vorstellend gehalten werden, und sich also auch zu einem näheren Umgange eignen, als dies mit ganz todten Dingen möglich wäre, und zu denen namentlich in Folge eines anhaltenden Verkehres, einer anhaltenden Sorge um sie eine Art von Zuneigung erwächst. Dieser Fall trifft nun vollständig zu, wenn der Mensch mit Thieren verkehrt, namentlich mit solchen, die er entweder des Nutzens oder eines Vergnügens wegen, das er an ihnen findet, in seine Nähe gezogen hat. In solchen Fällen schüttet der Mensch allmälig einen grossen Theil seiner eigenen Gedanken, Gefühle und Interessen gleichsam in das Thier hinein und übernimmt dann selbstverständlich auch die Rolle, das dem Thiere zugeschriebene geistige Verhalten wieder auf sich zurückwirken zu lassen. Der Mensch treibt gleichsam mit sich selbst im Inneren des Thieres ein Frage- und Antwortspiel und erlebt eben hierbei nochmals eine eigene Freude. Was weiss nicht Alles ein Kutscher, der sein Pferd liebt, ein Jäger, dem der Hund ein theueres Besitzthum ist, eine unverheirathete Dame ihrem Kanarienvogel oder ihrem Papagei, ihrem Schoosshündchen zu erzählen und ihm anzudichten, und wie tief lebt sich der Mensch in die Einbildung hinein, dass das Alles von dem Thiere verstanden und von ihm gefühlt und gedacht und gewollt und von ihm erwiedert werde, was er ihm in solcher Art selbst entgegengebracht, ihm zugeschrieben und wieder von ihm zurückgenommen hat! Ganz unzweifelhaft haben hierin sehr viele Erzählungen, in welchen geistige Eigenschaften von Thieren geschildert und gepriesen oder auch getadelt werden, ihren Ursprung: sie sind Wirkungen der Vermenschlichung des Thieres durch den Menschen, und an und für sich weit davon entfernt, wirkliche Thatsachen, die den Thieren als solchen zugehören, auszudrücken. Ohne es hier behaupten und weiter benutzen zu wollen, dass gerade auch in dieser eigenthümlichen Neigung des Menschen, sein eigenes Wesen auch ausserhalb seiner selbst in Anderen zu erblicken, gleichfalls ein Zug der Menschennatur liege, der in keinem Thiere, so viel wir wahrnehmen können, nicht einmal innerhalb des Kreises von Ihresgleichen vorkommt, ist so viel gewiss, dass darin ein begründeter Anlass liegt, gegen viele Erzählungen von gewissen Eigenschaften und Handlungen der Thiere von vornherein misstrauisch zu sein und grade hier strenge Kritik zu üben.

Ferner ist noch auf einen Punkt aufmerksam zu machen, der

gleichfalls zu grosser Vorsicht mahnt. Bekanntlich giebt es nämlich eine nicht unbedeutende Anzahl von Schriften, deren Verfasser keinen besonderen Antrieb zur sorgfältigen Abwägung des Thatsächlichen, wohl aber ein starkes Motiv haben, ihre Mittheilungen möglichst unterhaltend und anziehend zu gestalten und für den Leser interessant zu machen. Solche Schriften, meistens für die Jugend oder zwar für ältere, aber doch nicht grade für kritisch urtheilende Leser bestimmt, wirken dann am nachtheiligsten, wenn ihre Verfasser zugleich in dem Rufe wissenschaftlicher Kenner oder gar eigentlicher Fachgelehrten stehen, weil in diesem Falle selbstverständlich auch das meiste Vertrauen zu der Glaubwürdigkeit solcher Mittheilungen ihnen entgegenkommt. Grade in diesem Falle ist jedoch ein besonnenes Misstrauen erst recht am Platze, und zwar um so mehr, wenn man sieht, dass dergleichen Erzählungen mitunter auch von solchen Männern zur Beglaubigung ihrer Aussprüche benutzt werden, die schon aus anderen, vielleicht scientifischen Motiven geneigt sind, die Thierwelt möglichst nahe an die Menschenwelt heranzurücken.

Endlich ist noch ein Umstand hervorzuheben, der einen sehr erheblichen Einfluss auf die Auffassung und Beurtheilung des Verhältnisses zwischen dem Geistesleben des Menschen und dem der Thiere ausübt. Im Menschen wie im Thier liegt eine Verbindung, ein Zusammenhang zwischen zwei Erscheinungsgebieten vor, für welche man seit jeher geneigt war, auch ganz verschiedenartige reale Gründe, Ursachen und Kräfte vorauszusetzen. Das körperliche Gebiet bezog man auf Stoffe, Elemente, Atome ohne Bewusstsein und inneres Leben, das geistige auf ein immaterielles Princip, eine bewusstvolle Seele. Diese Auffassung hat sich nun aber gleichfalls vielfach geändert, indem bald das Körperliche dem Geistigen, bald dieses jenem näher gerückt und verwandter gefasst, bald für beides ein drittes Gemeinsames als Realgrund gedacht, bald das Körperliche ganz als ein Product des Geistigen, bald dieses für ein Product des Körperlichen gehalten wurde. Man sieht ein, dass von der gewählten und bevorzugten Auffassung auch die Schätzung abhängig ist, welche man dem thierischen Geistesleben widmet im Vergleich zu dem des Menschen, und insbesondere wird jenes diesem so ziemlich gleich erachtet werden, wenn man das Geistesleben des Menschen für ein Product des Körperlichen, speciell für ein Product des Gehirns hält.

Aher auch abgesehen von solchen fundamentalen Gegensätzen der Theorien und deren Einfluss auf die Auffassung des in Frage stehenden Verhältnisses wirken auf dieselbe noch andere mehr secundäre Gegensätze scientifischer Art ein. Besonders kommen hier zwei Doctrinen, die Psychologie und die Wissenschaft von der idealen Seite der Menschennatur, und hierbei insbesondere das in Betracht, was man über die Moralität und das Rechtsbewustsein denkt. Die Psychologen weichen in ihren Ansichten von dem, was Gefühl und Verstand, Wille und Vernunft, Gedächtniss und Phantasie, Reflexion und Denken, Wahrnehmung, Erinnerung und Begriff, Ueberlegung und Selbstbeobachtung, Aufmerksamkeit und Bewusstsein u. s. w. sei und worin die diesen Ausdrücken entsprechenden Vorgänge, Zustände, Thätigkeiten und Kräfte eigentlich bestehen, sehr wesentlich von einander ab. Daraus folgt selbstverständlich wiederum, dass auch die Vergleichung, welche die Psychologen zwischen den Geisteskräften des Menschen und denen der Thiere anstellen, zu sehr verschiedenen Resultaten führen muss. Wer zum Beispiel der Ansicht ist, dass alle Gedanken des Menschen bis zu den höchsten Ideen, welche etwas Unsinnliches zum Bewusstsein bringen, nur aus den Sinneseindrücken entspringen, der wird unzweifelhaft auch gewissen Thieren eine nicht unbedeutende Anzahl von Vorstellungen, Begriffen und Gedanken zuzuschreiben mehr geneigt sein, als derjenige, der die Begriffs- und Ideenwelt als etwas über allen Sinneseindrücken Stehendes und erst aus dem Inneren eines unsterblichen Geistes ihnen Entgegenkommendes ansieht. Nicht minder macht ein ähnlicher und vielleicht noch bedeutenderer Einfluss auf die Taxation des Thierisch-Geistigen sich geltend von Seiten der diversen Lehren über Recht und Moral und die diesen Kategorien zugehörigen Gegenstände. Wer zum Beispiel als den höchsten Grundsatz alles Rechts den Gedanken ausspricht, Recht sei soviel wie die Macht, die sich in ihrem Dasein zu behaupten wisse und das Rechtsbewusstsein sei eben nichts Anderes, als das Bestreben, sich in seiner Macht zu erhalten, der wird ganz consequent auch schon dem Hunde, der den Knochen zwischen seinen Zähnen gegen jeden fremden Zudringling vertheidigt, einen Sinn für Eigenthumsrecht zuschreiben. Oder wer als den höchsten Grundsatz aller Moralität den Gedanken hinstellt, moralisch sei jede Handlung, durch welche der Handelnde sich und der Gesellschaft, in der er lebt, einen Vortheil verschafft, etwas zu seinem eigenen und dem Wohl der Gesellschaft beiträgt, der wird wahrscheinlich auch den Ruf eines Vogels, den derselbe beim Erblicken eines Raubthieres vernehmen lässt, eine moralische Handlung und auch ein Anzeichen einer beginnenden moralischen Gesinnung nennen, weil der Vogel durch seinen Warnungsruf sich selbst und Seinesgleichen gegen eine Gefahr schützt. Aehnliche Folgerungen würden sich in Betreff des Schönheitssinnes und selbst der religiösen Gefühle zu Gunsten der Thiere aus gewissen Ansichten ziehen lassen, die der Urtheilende von dem ästhetischen und religiösen Bestandtheile der menschlichen Bildung für richtig halten könnte.

Wenden wir uns nun zur näheren Vergleichung der Geisteskräfte des Menschen mit denen der Thiere, um die vorhin ausgesprochenen Sätze der Abstammungslehre des Menschen vom Thier als unhaltbar und statt ihrer die ihnen entgegengestellten Sätze als wahrscheinlich richtig darzuthun, so muss diese Vergleichung sich hier auf einige wesentliche Bestandtheile des Geisteslebens beschränken. Die ästhetischen, moralischen, rechtlichen und religiösen Bestandtheile der Menschenbildung sollen ganz bei Seite gelassen werden, theils weil sie überhaupt seltener bei der psychischen Beurtheilung der Thiere in Frage kommen und gewöhnlich dem Menschen als etwas Eigenartiges vorbehalten werden, theils weil einer auch nur einigermassen beachtenswerthen Vergleichung zwischen Mensch und Thier nach jenen Bestandtheilen sich zu grosse Schwierigkeiten entgegenstellen. Ich beschränke mich auf denjenigen Theil, der auch im gewöhnlichen Leben am meisten beobachtet und im menschlichen Sinn gedeutet wird, nämlich auf das sinnliche Wahrnehmungsleben und den sich daran schliessenden Vorstellungskreis, nebst den dazugehörigen Gefühlen, Begehrungen und Handlungen. Auf diesem Gebiete hat man von jeher die meisten Vergleichungspunkte zwischen dem Geistesleben des Menschen und der Thiere gefunden, schon deshalb, weil auf ihm der Mensch, wie das Thier, sich am meisten bewegt und in ihm der Verkehr des Menschen, wie des Thieres, mit der Aussenwelt und mit Seinesgleichen sich am mannigfaltigsten ausdrückt.

Aus der Vergleichung dieses Gebietes im Menschen mit dem entsprechenden im Thier stammt insbesondere die Behauptung her, dass das Thier in folgenden Punkten mit dem Menschen übereinstimme.

Das Thier, sagt man, habe die gleiche räumliche und zum Theil auch zeitliche Anschauung der Aussenwelt, wie der Mensch; es habe, wie dieser, Gedächtniss und Erinnerung; es lerne, wie dieser, durch Aufmerksamkeit und Erfahrung; an seine Sinnesempfindungen und Wahrnehmungen schliessen sich ähnliche Gefühle und Begehrungen an, wie beim Menschen, und laufen zu gleichen Handlungen aus, wie in diesem; das Thier unterscheide und überlege, und äussere in seinen Handlungen einen nicht unbedeutenden mit dem menschlichen Verstande gleichartigen Verstand; es besitze, wie der Mensch, gewisse Allgemeinvorstellungen, wodurch es über den einzelnen, bloss sinnlichen Wahrnehmungsinhalt, wie der Mensch, hinauskomme und in das Gebiet des begrifflichen Denkens eintrete.

Alle diese Behauptungen stützen sich auf vermeintlich richtig gedeutete Thatsachen, die das Leben der Thiere in einzelnen Fällen darbietet. Sie laufen, wie man leicht bemerkt, sämmtlich auf zwei Hauptsätze hinaus. Einmal auf den Satz, dass die Thiere Gedächtniss und Erinnerung haben, wie der Mensch, und zweitens auf den Satz, dass sie, vom Gedächtniss und der Erinnerung unterstützt, mit Unterscheidung und Ueberlegung, überhaupt mit Verstand so handeln, wie es ihren Gefühlen und Begehrungen oder den Umständen entspricht. Es kommt also darauf an, einerseits dergleichen Thatsachen anzugeben und anderseits über die Deutung derselben zn entscheiden.

Zunächst wird den Thieren das Vermögen des Gedächtnisses und der Erinnerung zugeschrieben, da eine grosse Anzahl von Fällen zu der Annahme nöthigt, dass die Sinneseindrücke, zumal die häufig wiederholten, auch im Innern der Thiere fortbestehen, selbst wenn die Gegenstände, von denen die Eindrücke herrühren, nicht mehr gegenwärtig sind. Wir haben zwar keine Vorstellung davon, welcher Zustand diesem Fortbestehen der Gesichts-, Gehörs-, Geruchs- und Geschmacksempfindungen entspricht, wenn das Thier nicht mehr wirklich sieht oder hört oder riecht oder schmeckt.

Allein jene Annahme ist unvermeidlich, weil uns sonst jeder Grund eines Zusammenhanges im psychischen Thierleben fehlen würde, der aber wiederum von anderen Thatsachen bezeugt wird. Ohne einen Zusammenhang des Gegenwärtigen mit einem noch aus früherer Zeit Beharrenden könnten wir es nicht verstehen, dass zum Beispiel die Hausthiere auf einen bestimmten Ruf herbeilaufen, der sie zum Futter einladet, u. dgl. In diesem Falle macht sich die frühere Wahrnehmung des Futters, der frühere Genuss, der den Hunger stillte, die frühere Wahrnehmung des Ortes, wo gefüttert wird, die frühere Wahrnehmung des gehörten Rufes unzweifelhaft als ein fortbestandener Zustand geltend, der auf das Verhalten, worin das Thier sich augenblicklich befand, einen bestimmten Einfluss ausübte. Dass ferner die Formen und Gestalten der Dinge, die räumlichen Stellungen derselben neben, hinter, vor und über einander den Thieren wohl ebenso, wie den Menschen erscheinen, schliesst man aus Hunderten von Bewegungen und Handlungen, welche die Thiere unter und zwischen den Dingen angemessen einer leitenden Vorstellung oder angemessen der Umgebung, in der sie sich bewegen und handeln, ausführen. Man hält es sogar für wahrscheinlich, dass das, was man den Raumsinn nennt, bei manchen Thieren noch ausgebildeter sei, als beim Menschen, obwohl hieraus für die Verstandesthätigkeit derselben nichts folgt, da diese Ausbildung sowohl beim Menschen wie beim Thier bis zu einer gewissen Gränze vollständig durch unbewusst wirkende Vorgänge und Kräfte und ohne alle Mithilfe irgend einer Verstandesthätigkeit geschieht.

In Betreff der Zeit will durch die darauf bezüglichen Beobachtungen die Uebereinstimmung des menschlichen Vorstellens mit dem der Thiere nicht so deutlich werden, wie in Betreff des räumlichen Vorstellens. Dies heisst: es bleibt unsicher, ob die Thiere auch das Nacheinander der Veränderungen ihrer Zustände, der erlebten Begebenheiten und der von ihnen ausgehenden Handlungen bemerken und wie weit die Zeitunterschiede der Vergangenheit, Gegenwart und Zukunft ihnen bewusst sind. Manche Thiere stellen sich allerdings immer zu bestimmten Zeiten zu gewissen Verrichtungen an der betreffenden Stelle ein, etwa zur Fütterung oder zur Tränke; ebenso gehen viele regelmässig zu bestimmten Zeiten schlafen und wachen zu bestimmten Zeiten wieder auf. Allein alle diese Fälle geben nicht die mindeste

Sicherheit, dass das, was uns wie ein Bewusstsein und eine Beachtung der Zeitunterschiede vorkommt, auch in dem Thiere selbst ein Bewustsein der Zeiten enthält, das heisst, mit dem Bewusstsein des Früher, des Jetzt, des Später empfunden oder vorgestellt wird. Ich will sogleich hinzufügen, dass nach meinem Dafürhalten dies schlechterdings nicht der Fall ist, aus Gründen, die sich später ergeben werden.

Endlich wird darauf hingewiesen, dass es Thiere giebt, welche, wie namentlich der Hund und das Pferd, Worte und Zeichen, die der Mensch ihnen vormacht, verstehen, so gewiss, dass man selbst eine längere Reihe von Handlungen dadurch von Seiten derselben hervorrufen kann. So der Schäferhund, der jeden Auftrag des Herrn versteht und richtig ausführt, oder das Pferd, das sämmtliche Bewegungen, die der Herr stillschweigend nur mit der Peitsche andeutet, auch richtig vollzieht. Mit diesem Verstehen bringt man Fälle in Zusammenhang, welche darthun sollen, dass die Thiere auch überlegen, in gewissem Sinne auch sollen nachdenken können. Der Hund, der den Platz auf dem Sopha liebt, deshalb aber vom Herrn herunter getrieben und gescholten oder bestraft wird, ist so klug, sagt man, nur in Abwesenheit des Herrn seiner Liebhaberei zu folgen, und so überlegend, dass er sogleich vom Sopha herabspringt, wenn er den Herrn kommen hört. Selbst die sonst flüchtige Katze fängt an zu miauen oder, wie man im Leben öfter sagen hört, zu bitten, wenn sie das Zimmer verlassen will und wünscht, dass man ihr die verschlossene Thür öffne. Zur Bewahrheitung, dass insbesondere auch eine Art von Nachdenken den Thieren zukomme, werden namentlich solche Fälle genannt, aus denen man auf eine Beurtheilung abgeänderter Verhältnisse in der Umgebung glaubt schliessen zu dürfen. So sollen hoch im Norden die Hunde, die im Rudel den Schlitten über das Eis ziehen, so klug sein, sobald die Eisdecke, über die sie laufen, dünner wird, sich sogleich von einander zu trennen, um ihr Körpergewicht gleichmässiger zu vertheilen, während wiederum Hunde in den öden Steppen von Texas so klug sind, die niedrigen Einsenkungen des Bodens in weiter Ferne aufzusuchen, um ihren Durst zu stillen, als ob sie wüssten, dass darin eher Wasser zu finden sei, als in der Ebene.[4]

Ohne die Zahl solcher Beispiele noch zu vermehren, fragt es sich nun, worin das sich in ihnen manifestirende innere geistige Verhalten des Thieres besteht, und insbesondere, ob dieses Verhalten wirklich bewusste Erinnerung, Ueberlegung und Nachdenken, überhaupt eigentlicher Verstand ist.

Um meine Ansicht, nach welcher das Letztere verneint werden muss, deutlich aussprechen zu können, will ich die Fälle in einzelne Gruppen theilen, von denen jede dasjenige psychische Verhalten im Innern des Thieres am besten erkennen lässt, auf welches die zu ihr gehörigen Fälle zu deuten sind. Dabei gilt als massgebend die methodische Regel, dass man zur Erklärung und zum Verständniss von Thatsachen nicht eher andere Voraussetzungen machen darf, bevor nicht diejenigen erschöpft sind, auf welche eine Zerlegung der Thatsachen selbst direct hinführt. Gleichzeitig sollen alsdann in jeder Gruppe einige Bestandtheile aus dem Geistesleben des Menschen erwähnt werden, die zu demjenigen, was der Mensch mit dem Thiere gemeinsam hat, als etwas Neues hinzutreten, welches das Thier nicht hat, und wodurch sich eben der Mensch specifisch vom Thiere in geistiger Hinsicht unterscheidet.

Eine erste Gruppe umfasst alle diejenigen Fälle im Verhalten und Betragen der Thiere, die auf dem merkwürdigen Umstande beruhen, dass auf gewisse Sinneseindrücke oder auf innerleibliche Empfindungen bestimmte Bewegungen und Handlungen, wie beim Menschen, so auch bein Thiere, folgen, welche einem urtheilenden Beobachter so erscheinen, als ob sie bewusstvoll den Umständen angepasst und gleichsam mit Absicht und zweckmässig hervorgebracht wären, obgleich eine derartige ideelle Ursache zwischen der Empfindung und der Bewegung oder Handlung sich durchaus nicht befindet.

Die Physiologen rechnen hierzu bekanntlich alle sogenannten Reflexbewegungen, deren Gebiet aber nach meiner Ansicht viel weiter ausgedehnt werden muss, als es gewöhnlich geschieht. Dahin gehören nicht bloss solche Handlungen der Thiere, wie die, dass ein kürzlich aus dem Ei gekrochenes Hühnchen alsbald die Brodkrumen, die es sieht, mit dem Schnabel aufpickt, sondern auch alle Bewegungen des Thieres, durch welche es in Folge theils von Berührungen, theils von Gesichtswahrnehmungen Widerstand leistende Gegenstände vermeidet oder umgeht oder vor ihnen zurückweicht, überhaupt in seiner Wahrnehmungswelt in bestimmter Weise seine Stelle wechselt, wie etwa wenn es zwischen Bäumen hindurchgeht oder läuft oder einen Ausgang sucht, u. a. ähnliche Fälle. Auch beim Menschen findet Dasselbe statt. Schon diese Fälle veranlassen manche Beobachter, dem Thiere Ueberlegung, Wahl und Verstand zuzuschreiben, weil sie die Natur des Vorganges nicht kennen, während man es bei der Beobachtung eines menschlichen Kindes in denselben Fällen deshalb nicht thut, weil man weiss, dass bei diesem von solchen Geistesthätigkeiten in solchem Alter schlechterdings noch keine Rede sein kann. Nicht minder gehören hierher die Fälle, wo sich in die Sinnes-Empfindung oder Wahrnehmung ein angenehmes oder ein beängstigendes Gefühl einmischt oder auch eine Begierde, und alsdann von hier aus die Bewegung oder Handlung eine Richtung empfängt. So geschieht es zum Beispiel, wenn das Kind gehen lernt und dabei das Fallen des Körpers durch Bewegungen verhütet, welche das schwankende Gleichgewicht zu unterstützen geeignet sind, oder wenn es die Hände zum Ergreifen eines begehrten Gegenstandes ausstreckt, oder wenn es vor einer unbekannten Person oder vor einem Thier sich scheu abwendet oder davon läuft. Und ebenso wiederum geschieht es bei den Thieren in ganz gleicher Weise. In keinem dieser Fälle kann, weder beim Menschen noch beim Thier, im Ernst von irgendwelcher Ueberlegung oder irgendwelchem Verstande die Rede sein, sondern dergleichen Verhaltungsarten sind die nothwendigen Wirkungen eines physiologisch-psychischen Mechanismus, der die dazu gehörigen Bewegungen und Handlungen mit bestimmten vorhergegangenen Sinneseindrücken, Empfindungen und daran hängenden Gefühlen oder Begehrungen verknüpft. Hierher nun rechne ich auch den oben erwähnten Fall von den Hunden auf dem Eise. Ich erinnere mich genau einer ähnlichen Lage aus meiner Kindheit, als ich im Winter mit anderen Knaben viel auf den Eisdecken der Wiesen und Bäche verkehrte. Wir liefen ebenso, wie jene Hunde, aus demselben Grunde auseinander, weil jeder Einzelne in dem augenblicklichen Eindruck, den der Fuss von dem Nachgeben des Eises oder auch nur von dessen schwacher Erzitterung empfand oder das Ohr von dem leisesten Geräusch desselben beim Auftreten erhielt, ein ängstliches Gefühl mit empfing, das ihn forttrieb und zwar viel zu schnell, als dass irgendeine Reflexion hätte zu Stande kommen können. Die Empfindlichkeit der Sinne und das rasche Erbeben der Gemüthsstimmung können wir uns aber bei gewissen Thieren, zu denen auch jene Hundesarten gehören mögen, nicht gross genug denken.

Während nun die Thiere in der Abhängigkeit von dem unbewusst wirkenden Mechanismus beharren, der ihnen von noch grösserem Nutzen ist, als dem Menschen, und auch vollständig zur Wahrung und Erhaltung ihrer Lebensöconomie ausreicht, geht der Geist des Menschen schon hier alsbald durch das Auftreten ganz neuer Bewusstseinsinhalte aus demselben stellenweise hinaus und offenbart darin seine specifisch von der Thiernatur verschiedene Menschennatur und deren höhere Bestimmung. Was in dieser Hinsicht von unseren Kindern gilt, gilt auch von der rückständigsten Menschenraçe und den in ihr zur Welt kommenden Kindern und wird auch von den Urmenschen gegolten haben. Um dies zu zeigen, können einige der einfachsten Beispiele genügen.

Das Kind greift zunächst durch die Wirkung eines blossen Empfindungs- und Vorstellungsmechanismus nach dem Löffel, der ihm früher zum Erfassen der zu geniessenden Flüssigkeit in die Hand gegeben war und den es liegen sieht. Es greift ihn aber falsch; und nun mag eine neue mechanische Wirkung noch Etwas zur Correction beitragen, aber nicht so viel, dass nicht noch immer Etwas verschüttet würde. Alsdann aber, so zeigt die Erfahrung, tritt eine Correction ganz anderer Art auf, die aus keinem Mechanismus mehr ableitbar ist (obwohl gerade das Nichtausreichende desselben dazu den Anlass giebt), sondern nur daraus, dass im Bewusstsein des Kindes die augenblickliche Wahrnehmung des, wie wir sagen, falsch gehaltenen Löffels und der davon herkommenden Ausschüttung der Flüssigkeit mit dem von innen entgegenkommenden Gefühl der Nichtbefriedigung in Conflict geräth, und dass aus diesem Conflict der neue Bewusstseinsinhalt entspringt, den wir Erwachsenen das Zusammenpassen der Handlung mit der gesuchten Befriedigung oder überhaupt mit dem Zwecke nennen. Diesen neuen Bewusstseinsinhalt, den wir Erwachsenen in der eben ausgesprochenen abstracten Vorstellung besitzen, hat das Kind in dieser Form allerdings gewiss nicht; aber er ist unzweifelhaft in dem dem Einzelfalle zugehörigen singulären

Bewusstsein auch im Kinde vorhanden, was wir mit Gewissheit aus dem Zustandekommen seines neuen Handelns und aus dessen Erfolge schliessen können. Von diesem neuen Bewusstseinsinhalte gelangt aber das Kind alsbald, wie wiederum die Erfahrung zeigt, noch weiter, nämlich zu einer Anwendung desselben auf einen zweiten, dritten u. s. w. ähnlichen Fall. Dies heisst: ein Kind, dass den Löffel richtig zu halten und richtig zum Munde zu führen gelernt hat, und zwar durch die Zusammenwirkung zweier Kräfte, nämlich der einen im Vorstellungsmechanismus, der anderen in einem aus der Tiefe des Geistes entsprungenen neuen Bewusstseinsinhalte, wendet das Resultat dieser Zusammenwirkung auch da an, wo es nicht mehr den Löffel, sondern ein Messer oder eine Gabel, oder einen Stuhl, oder eine kleine Treppe, oder eine Scheere, oder überhaupt irgend ein Werkzeug zur Befriedigung einer Begehrung zu gebrauchen Anlass findet. Wäre hier im Menschengeiste bloss und allein ein Mechanismus unter den innern Zuständen desselben wirksam, den er mit dem Thiere theilt, dann käme er auch nicht weiter, als das Thier, welches eben nicht weiter kommt, weil ihm die zweite Kraft fehlt. Das Kind wird nun verständig, das Thier bleibt in Allem, was über seinen Mechanismus hinausgeht, dumm, und zwar dumm selbst da, wo die Dressur den Mechanismus benutzt, scheinbar verständige Handlungen vom Thier verrichten zu lassen. Hätte das Thier wirklich auch die zweite Kraft, dann wäre es gar nicht zu begreifen, warum ein Hund, der schöne Kunststücke zu machen gelernt hat, nicht auch einmal von sich aus ein neues Kunststück machen sollte, das er vom Menschen nicht gelernt hat. Andererseits kann man den Satz, dass den Thieren jene zweite Kraft, nämlich ein zu den Wirkungen des physiologisch-psychischen Mechanismus von innen her hinzutretender, diesen Mechanismus anderweitig benutzender neuer Bewusstseinsinhalt fehlt, auch aus dem Umstande beweisen, dass die Dummheiten, die ein Kind macht, gleichfalls ganz anderer Art sind, als die man einem Thiere zuschreibt, welches eigentlich gar keine Dummheiten macht, sondern zeitweilig nur an einer Stockung oder Störung des in ihm wirkenden Mechanismus leidet, die der Mensch dann Dummheit nennt.

Oder man nehme einen anderen Fall. Ein Kind, welches bei seinem Umherwandern in benachbarter Gegend zunächst ganz wie das

Thier in gleichem Falle bloss vom psychischen Mechanismus, der seine räumliche Anschauung beherrscht, geleitet wird, geht einen falschen Weg oder, wie man sagt, verirrt sich und wird nun, wie die Erfahrung lehrt, alsbald ängstlich und fängt gar zu weinen an. Schon dieser Umstand ist höchst beachtenswerth! Auch das Thier wird in solchem Falle, wenn es in eine fremde Umgebung kommt, gleichfalls ängstlich oder stutzt. Allein diese Aengstlichkeit oder dieses Stutzen, diese Verwunderung ist hier nicht gemeint; sie entspringt, wie man leicht erkennt, aus dem Umstande, dass die psychischen Raumschemata, die das Kind und das Thier der neuen, fremden Umgebung entgegenbringt, zu dieser nicht passen und deshalb in ihrer associirenden Wirkung gestört werden. Auch kann ferner in solcher Lage das Thier ebenso gut, wie das Kind, in ein gewisses Suchen in der Umgebung übergehen, um, wie wir sagen, den rechten Weg zu finden. Sobald dies aber geschieht, dann fängt auch der Unterschied zwischen dem geistigen Verhalten des Kindes und dem des Thieres an! Dieser Unterschied besteht darin, dass die Raumschemata oder die räumlichen Vorstellungen des Kindes, die es aus seinen früheren Anschauungen mitbringt, bestimmend auf die Anschauung der vorhandenen Umgebung einwirken und hierdurch das Bewusstsein einer Incongruenz hervorrufen, welches Dasjenige als Keim zum Inhalte hat, was wir Erwachsenen die Vorstellung der Richtung und die Unterscheidung der Richtungen nennen, die das Thier niemals hat. Der Leser kann mich fragen, woher ich dies wisse. Die Antwort ist: es darf daraus geschlossen werden, dass das Thier in solchem Falle, wie die Beobachtung lehrt, entweder verwirrt stehen bleibt oder auf gut Glück sich fortbewegt oder im Staunen so glücklich ist, einen neuen Sinneseindruck zu empfangen, etwa ein Geräusch oder einen Ruf zu hören oder einen Geruch zu empfinden, welcher nun seinerseits mit mechanischer Wirkung das Thier in eine bestimmte Bewegung versetzt. Das Kind kann Aehnliches allerdings auch erleben; aber auch ohne ein solches Erleben entsteht in ihm eine von innen heraus beginnende Ueberlegung im Raum, ein unabsichtliches Urtheilen, ein bewusstvolles Umherwandern des Vorstellens im innerlichen Raum, verbunden mit dem Bewusstwerden des Unterschiedes der dem Umherwandern in der Aussenwelt entsprechenden

Räumlichkeit. Das Kind orientirt sich durch unsinnliche Vorstellungen, das Thier nur durch neue Sinneseindrücke und deren Zusammenwirken mit seinem Erinnerungsmechanismus. Wie und wann dieser erste Keim in der Menschenseele, aus welchem später die begriffliche Unterscheidung der Raumdimensionen geworden sein mag, entstanden sei oder wie er noch jetzt in unseren Kindern entsteht: diese Frage gehört nicht hierher. Hier kommt es nur darauf an, einzusehen, dass er ein neues, über die Wahrnehmung hinausgehendes, aber auch nicht aus ihr gewordenes, sondern zu ihr hinzukommendes und sie beherrschendes geistiges Element ist, welches wir mit Sicherheit auch in den Kindern des rohesten Menschenstammes, aber nicht mit Sicherheit in irgend einem Thiere antreffen.

Zu einer zweiten Gruppe fasse ich alle diejenigen zahlreichen Fälle zusammen, bei denen Erinnerungsvorstellungen wirken, was fälschlich auf eine Verstandesthätigkeit der Thiere gedeutet wird. Um aber hier den Unterschied zwischen dem geistigen Verhalten des Menschen und des Thieres zu zeigen, ist eine kurze Erklärung des psychologischen Grundbegriffes vom Bewusstsein und eine Unterscheidung der mehrfachen Bedeutungen nöthig, in denen von Erinnerung gesprochen wird.

Das Wort Bewusstsein wird im gewöhnlichen Leben meistens nur in dem Sinne gebraucht, dass es das Wissen von einem Gegenstande ausdrückt, welches der Wissende sich als Demjenigen zuschreibt, der des Gegenstandes sich bewusst ist. Dieses Wissen wird dann wiederum als ein doppeltes gedacht. Nämlich einmal als ein Wissen davon, dass der Gegenstand sei, und zweitens als ein Bewusstsein von dem, was er sei. So bin ich mir zum Beispiel bewusst, dass da Etwas steht, das heisst, dass da ein wirklicher Gegenstand ist, und dass dieser Gegenstand ein Baum ist, das heisst, ich weiss auch, was er ist.

Genau genommen sind aber in dieser Erklärung schon zwei verschiedene Arten des Bewusstseins oder zwei verschiedene Wissensarten stillschweigend in eins zusammengefasst, die man, wo es auf correcte Auffassung eines Thatsächlichen ankommt, wiederum trennen muss. Das eine Bewusstsein oder Wissen liegt nämlich in den beiden Sätzen „da steht Etwas“ und „was da steht, ist ein Baum“. Ein anderes, zweites Bewusstsein oder Wissen liegt in dem Satze „ich bin Derjenige, der dieses und jenes Wissen hat, oder Derjenige, der des Gewussten sich bewusst ist“. Man bemerke nun schon hier, dass, wenn auch in den meisten Fällen das erste Bewusstsein sehr schnell in das zweite Bewusstsein übergeht, zumal dann, wenn wir den Inhalt des ersten Bewusstseins aussprechen oder einem Andern mittheilen wollen, es doch auch oft genug vorkommt, dass wir uns in einem Bewusstsein der ersten Art befinden, ohne dass das Bewusstsein der zweiten Art mit da ist. Ja, dies ist sogar erfahrungsmässig der gewöhnlichste Fall, wie ein Jeder sich leicht durch Beachtung seines Vorstellens überzeugen kann. Kommt nun diese Trennung im Menschen vor, so ist es auch denkbar, dass im Thier möglicher Weise nur die erste Art vorkommt, oder dass vielleicht auch von dieser ersten Art nur derjenige Theil vorkommt, der das Wissen von dem enthält, was der Gegenstand ist, ohne dass dabei zu sein braucht das Wissen oder das Bewusstsein von der Existenz des Gegenstandes. Diese Annahme wird unsere Erörterung später in der That als höchst wahrscheinlich darthun, zumal auch die letztere Trennung gleichfalls im Menschen erfahrungsmässig oft genug vorkommt, und also vielleicht im Thier immer so sein kann, worüber freilich erst eine genaue Beobachtung seines Verhaltens zu entscheiden hat. Diese Bemerkung ist um so wichtiger, als davon die Antwort auf die Frage mit abhängt, ob man den Thieren auch ein Selbstbewusstsein zuschreiben dürfe. Die oben genannte zweite Art des Bewusstseins, welches in dem Satze liegt: „ich bin Derjenige, der dieses oder jenes Wissen hat“, enthält nämlich offenbar die Bedingung, dass, wenn sie soll auftreten können, dann auch die bewusste Vorstellung des Ich, oder ein Ichbewusstsein, schon da sein muss, da durch diese Vorstellung das Subject vorgestellt wird, dem das Wissen des Andern gehört. Allein dies geht uns hier weiter nichts an.

Betrachtet man nun ferner dasjenige Bewusstsein, welches in dem Satze liegt „der wahrgenommene Gegenstand ist ein Baum“, dann kommt man zu derjenigen Art von Bewusstsein, deren Kenntniss für unsere Frage wichtig ist; und zugleich kommt man auf eine von den Bedeutungen, die das Wort Erinnerung hat. Eine Zerlegung jenes Satzes lässt nämlich erkennen, dass, wenn das in ihm ausgesprochene Bewusstsein vorhanden sein soll, dann 1. ein einzelner Baum wirklich in einem bestimmten Augenblick wahrgenommen werden muss; 2. dass der Wahrnehmende auch schon früher einmal einen Baum muss gesehen haben, und 3. dass von der früheren Wahrnehmung noch eine Vorstellung geblieben und nunmehr zurückgekehrt sein muss, weil er sonst eben nicht wissen könnte, dass das, was er jetzt sieht, auch ein Baum, aber nicht etwas Anderes ist. Da nun die Wahrnehmung des Baumes statthat als ein wirkliches inneres Erleben dessen, der wahrnimmt, auch wenn er nicht weiss, dass das, was er wahrnimmt, ein Baum ist, sowie es der Fall ist für Jeden, der zum ersten Mal einen Baum sieht, so müssen wir auch für diesen thatsächlich vorhandenen Wahrnehmungszustand einen besonderen Namen gebrauchen, um sein Dasein zu bezeichnen. Wir gebrauchen dazu die Benennung „unmittelbares Bewusstsein“, und sagen, die Wahrnehmung, die als thatsächliches Erlebniss des Wahrnehmenden da ist, ist als solche unmittelbar bewusst, ist ein unmittelbar Bewusstes. Mit anderen Worten: jeder Ton, der gehört wird, ist als solcher etwas unmittelbar Bewusstes; ebenso jede Farbe, die gesehen, jeder Druck, der gefühlt, jeder Geruch, der gerochen, jeder Geschmack, der geschmeckt wird, überhaupt jede Empfindung, Wahrnehmung, Anschauung, deren Inhalt thatsächlich vorhanden ist. Dieses Bewusstsein heisst unmittelbar, weil es die erste und nicht weiter reducirbare Art des Bewusstseins ist, die wir kennen, ohne welche keine der übrigen, abgeleiteten oder vermittelten Arten des Bewusstseins möglich ist. Man kann ganz allgemein sagen: die erste Bewusstseinsart ist das unmittelbare Empfindungs- und Wahrnehmungsbewusstsein. Sein Inhalt, die unmittelbar bewusste Wahrnehmung, ist es zunächst, von der nun, auch wenn der Baum oder der betreffende Gegenstand nicht mehr gesehen wird, ein Rückstand in der Seele fortdauert, welcher für gewöhnlich ganz unbewusst ist, aber doch auch befähigt bleibt, später unter Bedingungen eine gewisse Stärke unmittelbaren Bewusstseins wiederzugewinnen, das heisst, in einem gewissen Grade wiederum bewusst zu werden oder, wie man sagt, ins Bewusstsein zurückzukehren.

Das Letztere geschieht nun namentlich dann, wenn ein einmal gesehener Gegenstand nochmals wirklich wahrgenommen wird. Alsdann regt diese neue, gleichfalls unmittelbar bewusste Wahrnehmung jenen Rückstand der früheren Wahrnehmung auf, so dass er ihr mit einer eigenen Bewusstseinsstärke entgegenkommt. Und nichts Anderes, als der Erfolg eines Verhältnisses, in welches jetzt beide Zustände der Seele zu einander treten, kann es sein, was dasjenige Bewusstsein ist, welches man eine Erinnerung und ein Wiedererkennen des Gegenstandes nennt.

Dieses Verhältniss setzt sich nämlich, wo es sich, wie beim Menschen, vollständig geltend macht, wesentlich aus folgenden Bestandtheilen zusammen. Erstens knüpft sich an das Zusammentreffen der neuen Wahrnehmung mit der zurückkehrenden alten wegen ihrer nahezu gleichen Beschaffenheit dieselbe Wirkung, welche die letztere, als sie stattfand, in ihrem eigenen früheren vollen Bewusstsein hatte. Diese Wirkung zweier nahezu gleicher Bewusstseinsinhalte, einer thatsächlichen Wahrnehmung und einer ihr entsprechenden ins Bewusstsein zurückkehrenden Vorstellung, drücken wir sprachlich durch das Wort Kennen oder Erkennen aus: der zum zweiten Mal denselben Gegenstand Wahrnehmende kennt oder erkennt denselben durch die wiederbelebte frühere gleiche Wahrnehmung. Dieser Vorgang ist der erste Bestandtheil in dem Verhältnisse. In diesem Zustande der Wiederbelebung und erneuerten Verstärkung desselben früheren unmittelbaren Bewusstseinsinhaltes ist die alte Vorstellung aber noch nicht eine Erinnerung, noch nicht eine Erinnerungsvorstellung. Dies wird sie erst dadurch, dass zweitens neben der Gleichheit beider Glieder sich auch der Unterschied ihres psychischen Werthes geltend macht. Dazu gehört, dass die alte Vorstellung eben als eine alte, als eine einer früheren Zeit angehörige, und andererseits, dass sie als eine schon in früherer Zeit stattgehabte Wahrnehmung desselben Gegenstandes bewusst wird. Erst wenn dies der Fall ist, wirkt die alte Vorstellung, das alte Bild, als Erinnerungsvorstellung: an ihr haftet das Bewusstsein, dass derselbe Gegenstand schon früher einmal wahrgenommen und in ihr gleichsam aufbewahrt war, und durch sie wird nunmehr der Gegenstand als derselbe wiedererkannt. Mit anderen Worten: wenn die beiden zuletzt genannten Bewusstseinsinhalte entstehen sollen, muss im Wahrnehmenden schon ein Zeitbewusstsein wirken und sich gleichsam zwischen die gerade stattfindende Wahrnehmung des Gegenstandes und seiner bloss reproducirten Vorstellung, die der Rückstand der früheren Wahrnehmung desselben ist, zwischenschieben, beide auseinanderhalten und doch auch verbinden. Geschieht dies nicht, so fliesst die zurückkehrende Vorstellung mit der Wahrnehmung schnell zusammen und wird für das Bewusstsein unbemerkbar, wie es täglich in unzähligen Fällen vorkommt, wo wir dieselben Gegenstände, die wir viele hundert mal gesehen haben, zwar jedesmal, wenn wir sie wiedersehen, sehr wohl kennen, aber gar nicht daran denken, dass dieses Kennen ein Wiedererkennen vermittelst einer in uns wirkenden Erinnerung sei. Es fehlt das Bewusstsein des Unterschiedes zwischen einer bloss reproducirten Vorstellung und einer wirklichen Wahrnehmung, und eben deshalb ist nicht jede reproducirte Vorstellung eine Erinnerung oder eine Erinnerungsvorstellung, sondern nur diejenige, an welche sich das Bewusstsein knüpft, dass sie aus einer früheren Zeit stammt und zu einer Wahrnehmung gehört, durch welche derselbe Gegenstand, der jetzt wahrgenommen wird, schon einmal wahrgenommen war.

Zur Ergänzung des Gesagten muss noch hinzugefügt werden, dass, um denselben psychischen Vorgang hervorzubringen, die Reproduction oder die Wiederbelebung der alten Vorstellung durchaus nicht immer durch die ihr entsprechende Wahrnehmung zu geschehen braucht. Eine alte Vorstellung kann vielmehr auch durch andere Ursachen, die möglicher Weise gänzlich im inneren Vorstellungsgebiete liegen, in Bewegung gesetzt und ins Bewusstsein gehoben werden und dann gleichfalls einer äusseren Wahrnehmung, einem ihr entsprechenden Gegenstande begegnen. Ja, es ist oft der Fall, dass das Emporstreben einer alten Vorstellung so lebhaft und kräftig ist, dass sie sich sogar wie eine Begehrung verhält und der Vorstellende sich in einem Zustande befindet, in welchem er, wie wir sagen, den entsprechenden Gegenstand wahrzunehmen erwartet. Dieser Fall wird später in Betreff der thierischen Erinnerung in Anwendung kommen. Endlich bedarf es kaum noch der Erwähnung, dass Alles, was oben von der Wahrnehmung und Erinnerung eines Gegenstandes gesagt ist, auch von der Wahrnehmung und Erinnerung der Ereignisse und Begebenheiten gilt, die sich den Sinnen darstellen, und andererseits, dass unsere Erinnerungen nicht immer von unwillkürlich wirkenden Ursachen, sondern öfter auch von unserem

Willen hervorgerufen werden, in welchem Falle man das Sicherinnern ein Sichbesinnen nennt.

Leicht erkennt man nun auch eine zweite Art von Erinnerung. Sowie nämlich im bisherigen Falle ein mit einer gewissen Bewusstseinsstärke wiederkehrender Zustand eine Erinnerungsvorstellung wird für einen wahrgenommenen Gegenstand, der schon einmal wahrgenommen war, so wird in anderen Fällen umgekehrt eine Wahrnehmung oft auch eine Erinnerungsvorstellung für eine alte, vielleicht schon sehr zurückliegende Vorstellung eines möglicher Weise dem Inhalte nach ihr sogar ganz fremden Gegenstandes. Dies geschieht in allen Fällen, wo wir sagen, dass ein Wahrgenommenes an Etwas erinnert, zum Beispiel, dass die Wahrnehmung eines Geschenkes an den Geber, das Antlitz eines wahrgenommenen Menschen an das Gesicht eines Anderen, der gehörte Glockenschlag an ein bestimmtes Geschäft erinnert, u. dgl. Das Verhältniss, das hier zwischen den beiden bewussten Zuständen, nämlich der wirklichen Wahrnehmung und der erinnerten Vorstellung stattfindet, hat in den meisten Fällen nur die Bedeutung einer blossen Erneuerung oder Reproduction eines früheren Bewusstseinsinhaltes, die nach dem psychischen Gesetze stattfindet, dass unter zweien oder mehreren associirten Vorstellungen die eine die andere wieder erwecken kann. Sind deshalb die Fälle dieser Art ausserordentlich häufig, so dürfen doch eigentlich nur diejenigen zu den Erinnerungsthatsachen gezählt werden, wo zwischen die reproducirende Wahrnehmung und die wiederbelebte Vorstellung sich gleichfalls ein Zeitbewusstsein einschiebt, welches den Inhalt der erneuerten Vorstellung in eine Vergangenheit setzt, in welcher er schon einmal vorgestellt war. Diese Art der Erinnerung des Einen an ein Anderes ist aber darum für das geistige Leben sehr wichtig, weil die Erinnerungsvorstellung gewöhnlich, wenn sie ihre Wirkung gethan hat, selbst aus dem Bewusstsein zurückweicht, und dann das Erinnerte, also die wiederbelebte Vorstellung, mit stärkerem unmittelbaren Bewusstsein auftritt und nun auch das ihr eigene Zugehörige und Verwandte aus früherer Zeit mit sich bewusst macht und dadurch oft die ganze Gemüthsstimmung entscheidet. Auch dieser Umstand ist für die richtige Beurtheilung des psychischen Verhaltens der Thiere wichtig.

Eine dritte Art von Erinnerung endlich besteht in einem gänzlich innerlichen Vorgange. Sie findet da statt, wo man zum Beispiel sagt: gestern erhielt ich eine wichtige Nachricht; oder: ich erinnere mich, dass ich einmal eine Gebirgsreise machte; oder: ich erinnere mich der Erlebnisse meiner Kindheit; oder: ich erinnere mich sehr deutlich, wie der Verstorbene aussah; u. dgl. In solchen Fällen, bei denen die Beziehung des Erinnerten auf das Ich in dem Vorgange der Erinnerung selbst ursprünglich nicht liegt, sondern erst später hinzukommt, sind es zurückkehrende Vorstellungen, Zustände mit einer erneuerten Bewusstseinsstärke, die ihr Vorgestelltes der Art zum Bewusstsein bringen, dass es, obgleich ein Vergangenes, doch wie ein Gegenwärtiges vorgestellt wird. Diese Erinnerungsart ist es, welche man vorzugsweise meint, wenn von Erinnerung die Rede ist. Der Mensch versetzt sich in eine vergangene Zeit und stellt ein früher Erlebtes so vor, wie wenn es gegenwärtig wäre, aber mit dem klaren Bewusstsein, dass dies nicht der Fall, sondern dass das Vorgestellte ein Vergangenes, ein einer früheren Zeit Angehöriges ist. Die Vorstellungen, durch welche die Vergegenwärtigung des früheren Wirklichen geschieht, sind die Erinnerungsvorstellungen, oder auch wohl schlechtweg die Erinnerungen. Die grosse Bedeutung dieser Erinnerungsart, in welcher der Mensch einen erheblichen Theil seiner psychischen Activität verbraucht, besteht darin, dass durch sie ein weitreichender, ja, allgemeiner Zusammenhang zwischen den Vorgängen und Inhalten des Bewusstseins gestiftet wird, oder vielmehr als ein wirklicher zu Tage tritt und selbst wiederum ein Gegenstand des Bewusstseins wird. Aus ihr entspringen dem Menschen bald geistige Freuden, bald Leiden; sie knüpft die Bestandtheile seines Erlebens zu seiner eigenen, nur ihm bekannten Geschichte zusammen; in ihr liegt eine fundamentale Bedingung seines Denkens.

Treten wir nun nach dieser Vorerklärung den Thatsachen näher, die uns vermeintlich nöthigen sollen, auch den Thieren Erinnerung und eine damit verbundene verständige Auffassung der Aussenwelt und ebenso auch verständiges Handeln zuzuschreiben, so scheint es mir, dass die Annahme, die Thiere hätten auch die dritte Art der Erinnerung, kaum der Widerlegung werth ist. Man kennt keine Thatsache, aus der eine solche Annahme unzweifelhaft folgt. Beruft man sich darauf, dass gewisse Thiere, namentlich die Hunde, träumen, und im Traum doch eine Erinnerung des früher Erlebten vorkomme, so ist das Träumen richtig, aber seine Deutung falsch. In den Träumen des Menschen kommt allerdings ein Zeitbewusstsein vor, aber an den übrigen Erfordernissen eigentlicher Erinnerung fehlt es auch hier. Die Träume des Menschen beruhen auf mehr oder weniger zusammenpassenden Reproductionen alter Vorstellungen und deren Zerstückelung oder Verwebung, und zeichnen sich dadurch aus, dass sie durch die Stärke und Lebhaftigkeit dieser Reproductionen den Träumenden in ein wirkliches Empfindungs- und Wahrnehmungsbewusstsein versetzen, obwohl es doch nicht wirklich ist. So und nicht anders wird es auch bei den Träumen des Hundes sein, deren Lebhaftigkeit sich deutlich genug durch Ansätze zum Laufen, zum Bellen u. s. w. zu erkennen giebt. Deshalb sieht auch der Mensch seine Träume im Allgemeinen gar nicht für Erinnerungen an, weil er sie trotz der Wiederholung bekannter Dinge und Erlebnisse nicht in seine wirkliche zeitliche Geschichte einordnen kann.[5]

Fehlt es also an einem directen thatsächlichen Beweise, dass die Thiere der dritten Art von Erinnerung fähig sind, so spricht andererseits auch Vieles indirect dagegen. Dahin gehört erstens, dass die hier gemeinte Erinnerung nur dann eintritt, wenn die Vorstellungsthätigkeit sich unabhängig von den Sinneseindrücken und überhaupt von den Fesseln der Sinnenwelt äussern kann. Diese Unabhängigkeit finden wir nur beim Menschen, nicht aber bei den Thieren. Die Letzteren sehen wir kaum mit irgend einem selbstständigen Vorstellen bei einer einzelnen Wahrnehmung, sei es eines Dinges oder einer Begebenheit, verweilen oder einen Gegenstand betrachten, sondern sie eilen immerwährend von einem Eindruck zum andern oder sitzen und liegen ermüdet, gesättigt, ausruhend oder schlafend oder auch von einem einzelnen Eindruck gefesselt da. Das bei einigen Thieren vorkommende sogenannte Spielen bildet nur scheinbar eine Ausnahme, insofern als es gerade wesentlich die Herrschaft eines einzelnen Lustgefühls ausdrückt. Noch viel weniger können sie sich, wie der Mensch es vermag, derartig der Aussenwelt gegenüber verhalten, dass während der Sinnesthätigkeit und selbst während eines körperlichen Handelns doch gleichzeitig die Vorstellungsthätigkeit ihren eigenen Weg geht und auf diesem oft genug in Erinnerungen geräth. Nur der Mensch ist befähigt, gleichzeitig zwei oder noch mehrere

Reihen von Vorstellungen oder überhaupt geistigen Zuständen in verschiedenen Bewusstseinsarten ablaufen zu lassen. So Etwas haben wir bei den Thieren vorauszusetzen keinerlei Grund, deren Vorstellungsablauf immer nur einreihig zu sein scheint, wenn er überhaupt eine Reihe bildet.

Ferner spricht Alles dagegen, dass das Thier ein Bewusstsein hätte von dem Unterschiede einer blossen Vorstellung und einer wirklichen Wahrnehmung, welches Bewusstsein gleichfalls zu der Erinnerung, die hier gemeint wird, gehört. Was dagegen spricht, beruht darauf, dass den Thieren, wie später noch näher zu erwähnen sein wird, der völlig unsinnliche Gedanke der Wirklichkeit fehlt. Dasselbe gilt drittens aber auch von dem Zeitbewusstsein, an dessen Existenz im Thiere schon oben gezweifelt wurde. Ein Zeitbewusstsein kann nämlich nur da entstehen, wo leicht und häufig zusammenhängende Reproductionen früherer Wahrnehmungen und Erlebnisse stattfinden. An diesen aber fehlt es sogar noch unseren Kindern und noch mehr den Thieren. Die Kinder sind vergesslich, weil sie meistens im Augenblicke der kräftig wirkenden Gegenwart leben, und das Thier ist noch vergesslicher, als das Kind, aus demselben Grunde. Beide haben deshalb, so lange diese Abhängigkeit vom Gegenwärtigen dauert, kein Bewusstsein von der Zeit. Ist das Geschäft der Ernährung der Jungen vorüber, so weiss selbst die scheinbar liebevollste Vogelmutter nichts mehr von ihren Kindern, die sie vielmehr beisst und verfolgt, wie wenn sie sie nie gekannt hätte: sie wird also wohl auch jeder Erinnerung aus der Zeit ihrer Mutterliebe entbehren. Endlich können wir den Thieren am allerwenigsten frei steigende Vorstellungen zuschreiben, die beim Menschen sehr häufig vorkommen und gerade vorzugsweise die Anfangsglieder zu kräftigen Erinnerungen werden. Kaum hat der Mensch seine Geschäfte vollbracht und ruht von der Arbeit aus, so stellt sich gewöhnlich auch auf der Bühne seines Bewusstseins bald dieser, bald jener Gedanke ein, von dem eine Erinnerungsreihe anderer Gedanken abläuft: in ihnen findet er den Stoff seiner Unterhaltung mit sich und mit Anderen. Bei den Thieren ist, wenn man nicht ganz leichtsinnig deuten will, Nichts wahrzunehmen, aus dem auf einen ähnlichen Vorgang in ihrem Innern geschlossen werden könnte.

Folgt nun schon aus dem Gesagten, dass wir in den Thieren

von allen Bewusstseinsarten vorherrschend das Empfindungs- und Wahrnehmungsbewusstsein voraussetzen müssen, so kann das, was von Erinnerung und damit verbundenem Verhalten den Thieren zukommt, ausschliesslich nur in den Erinnerungszuständen der zweiten und ersten Art enthalten sein.

Nach der zweiten Art erinnert die Wahrnehmung eines Gegenstandes oder eines Ereignisses an einen anderen Gegenstand oder ein anderes Ereigniss, das früher einmal in einerlei Raumbild oder gleichzeitig oder in unmittelbarer Succession mit jenem verbunden wahrgenommen oder überhaupt erlebt war. Ohne Zweifel hat diese psychische Regel auch innerhalb der Wahrnehmungswelt der Thiere eine weitreichende Giltigkeit und zahlreiche Fälle des Handelns und der Verrichtungen sind nach ihr bestimmt. Auf ihr beruht, einem grossen Theile nach, was wir die gegenseitige Verständigung der Thiere unter einander, ihr Verständniss der von uns gemachten Zeichen in Bewegungen und Sprache, ihre Klugheit und Ueberlegung in einzelnen Situationen, ihren aus Erfahrung gezogenen Verstand, ihre Gelehrigkeit bei der Dressur und ihre Anstelligkeit nach derselben nennen, und Aehnliches. In allen diesen Fällen ruft ein erstes unmittelbar bewusstes und manchmal öfter wiederholtes Erlebniss, eine Empfindung, eine Wahrnehmung, einen andern bis dahin unbewusst gebliebenen, früher aber auch in unmittelbarem Bewusstsein vorhanden gewesenen Zustand hervor, der nun als solcher noch weitere Wirkungen haben kann. Der gehörte Ruf erinnert das Thier an den Platz, wo das Futter gereicht wird; er führt auch das wilde räuberische Thier in die Nähe seines Opfers, das wiederum in einem andern Falle bei vernommenem Geräusch die Flucht ergreift. Auf das Wort oder das Zeichen des Kutschers geht das Pferd bald rechts, bald links, steht still oder schreitet weiter, und der Jagdhund, der den Herrn die Flinte von der Wand nehmen sieht, springt unter der Wirkung der dadurch in die Erinnerung gerufenen Vorstellungen früherer Erlebnisse freudig empor. Es ist unnütz, noch andre Einzelfälle der Art zu erwähnen, dagegen wichtiger, zu bemerken, dass man sich nun durch das Wort Erinnerung hier nicht soll täuschen lassen. Da, wie wir hinreichenden Grund haben anzunehmen, den Thieren ein eigentliches Zeitbewusstsein fehlt, so ist das Wort Erinnerung hier streng genommen gar nicht am Platz, sondern nur der Mensch, der urtheilt, ist es, der es von seinem Standpunkte aus gebraucht. Eine Erinnerungsvorstellung wäre die Wahrnehmung in solchen Fällen nur dann, wenn bei ihrer Wirkung in der That das Bewusstsein eben dieser Wirkung, nämlich die Vorstellung eines früheren Erlebnisses zu reproduciren oder wiederzubeleben, vorhanden wäre, das heisst, wenn das Thier, das durch den Ruf zum Futterplatz getrieben wird, ein Bewusstsein davon hätte, dass schon früher ein solcher Ruf stattfand und dass nach dem gehörten Rufe das Futter gereicht worden ist und diesmal wohl wird gereicht werden. Ein solches Bewusstsein im Thier vorauszusetzen, ist überdies gar nicht nöthig, weil auch ohne dasselbe die Handlung des Thieres ganz in derselben Weise unbedingt erfolgt, insofern der eine Zustand mit Nothwendigkeit den anderen hervorruft und dieser wie eine bewegende Kraft die Bewegung, das Hinlaufen des Thieres, zur Wirkung hat. Jeder Mensch findet an sich selbst in Hunderten von Handlungen und Verrichtungen ganz dasselbe und kann sich deutlich dessen bewusst werden, dass er in solchen Fällen gleichfalls ganz ohne Zeitbewusstsein gehandelt hat, nur mit dem Unterschiede vom Thier, dass er dieses Bewusstsein sehr leicht hinzubringt, zumal dann, wenn unter den associirten Gliedern eine Hemmung oder eine Verzögerung der Wirkung eintritt. Desgleichen ist es wichtig, zu bemerken, dass auch die Ausdrucksweise, das Thier offenbare in solchen Fällen Verstand, durchaus nicht im eigentlichen Sinne genommen werden darf, sondern gleichfalls nur daher kommt, dass der Mensch das Verhältniss je zweier Vorstellungen oder je einer Vorstellung und einer Handlung oder je einer Wahrnehmung und einer Vorstellung nebst entsprechender Handlung immer ein verständiges zu nennen gewohnt ist, sobald die Glieder des Verhältnisses zu einander passen, zu einander gehören, in ihrem Zusammenhange oder in ihrer Abfolge in gewissem Sinne zusammenstimmen oder den Umständen entsprechen. Und dies ist denn in der That auch hier meistens der Fall, weil die zugehörigen Wahrnehmungen und reproducirten Vorstellungen, die selbst früher Wahrnehmungen waren, durch thatsächliche und wirkliche Verhältnisse und Erlebnisse des Thieres wie des Menschen zusammengefügt waren. In Wirklichkeit ist es also immer nur der Mechanismus der unter den verknüpften Wahrnehmungen und Vorstellungen eintretenden Reproduction mit dem diese Reproduction begleitenden Bewusstsein ihrer Inhalte, welcher entscheidet.

Was die erste Art der Erinnerung betrifft, wobei nämlich vom Wiedererkennen die Rede ist, so sind die dazu gehörigen Fälle besonders deshalb lehrreich, weil sie die volle Macht und kräftige Wirkung der durch neue Wahrnehmung wiederbelebten alten gleichen oder ähnlichen Vorstellungen am deutlichsten erkennen lassen, ohne dass dabei diese alten Vorstellungen eigentliche Erinnerungsvorstellungen wären, das heisst, von dem Bewusstsein der Gleichheit und des Zeitunterschiedes zwischen dem Jetzigen und Früheren begleitet würden.

Nehmen wir sogleich, um den Gegenstand klar zu stellen, ein Beispiel. Der Besitzer eines Hundes, der „seinen Herrn mit Innigkeit liebt", das heisst, dessen psychisches Befinden in unzähligen Bestandtheilen, worunter auch Gefühle und Begehrungen, mit dem Wahrnehmungsbilde des Herrn verknüpft und verwebt ist, war verreist und kehrt unerwartet nach Hause zurück. Der Hund, der ihn erblickt, geräth, wie Jeder weiss, in die grösste Freude: er bellt, er umkreist den Herrn, er springt an ihm hinauf und leckt ihm das Gesicht, kurz, er weiss vor Freude sich nicht zu lassen. Im gewöhnlichen Leben sagt man nun: der Hund erkennt den Herrn wieder, an dieses Wiedererkennen sind alle seine Erinnerungen geknüpft und die Folge davon ist seine Freude. Ich meine, diese Deutung ist durchaus unrichtig. Zunächst bezweifle ich, dass der Hund ein Bewusstsein hat von der Gleichheit der durch die neue Wahrnehmung des Herrn wiederbelebten alten Vorstellung mit dieser Wahrnehmung: beide Glieder wirken als gleiche, aber der übersinnliche Gedanke der Gleichheit selbst kommt in einer Hundeseele nicht vor; sie denkt nicht, der gesehene Herr ist dein alter Herr. Dieser Gedanke ist aber auch gar nicht nöthig, um das Betragen des Hundes zu verstehen. Denn beide Glieder, die neue Wahrnehmung und der reproducirte Rückstand der früheren Wahrnehmungen des Herrn, erzeugen auch ohne jenen Gedanken durch die Stärke ihres gemeinsamen unmittelbaren Bewusstseins mit voller Gewissheit den psychischen (nicht logischen) Zustand des Erkennens, auf den allein es ankommt. Dies heisst: die alten mit voller Energie wiederbelebten Rückstände eignen sich die neue

Wahrnehmung als einen ihnen gleichen Bewusstseinsinhalt an, ergiessen, bildlich gesagt, ihren ganzen Inhalt in die neue Wahrnehmung, die nun in und mit ihm als dasselbe, was der Inhalt des Frühern ist, wahrgenommen und mit dem ganzen Gemüthszustande, den das Frühere mit sich bringt, erlebt wird. Der physische Ausdruck dieses psychischen Vorganges ist die Freude mit den körperlichen Bewegungen. Zweitens aber meine ich, dass schon deshalb, weil dieser Vorgang mit unmessbarer Geschwindigkeit stattfindet, sich auch keinerlei Zeitbewusstsein in ihn einmischen oder zwischen seine Glieder zwischenschieben könnte, auch wenn die Befähigung dazu im Thier vorhanden wäre. Ohne eine bewusste Unterscheidung des Jetzt und Früher kann aber von einer eigentlichen Erinnerung und einem Wiedererkennen nicht die Rede sein. Dies heisst: weil der Herr vom Hunde nicht als ein schon früher wahrgenommener vorgestellt wird, so sind seine sogenannten Erinnerungen weiter nichts, als eben nur ohne Bewusstsein des Zeitunterschiedes reproducirte Zustände, deren psychischer Werth vollständig ausreicht, das ganze Betragen des Hundes im unmittelbaren Empfindungs- und Wahrnehmungsbewusstsein zu Stande zu bringen und dasselbe daraus erklärlich zu machen. Dieses Betragen ist ganz dasselbe, was wir auch bei dem noch sprachlosen menschlichen Kinde wahrnehmen, wenn es der Mutter oder Amme, die nach einiger Abwesenheit wiederkehrt, beim Anblick derselben entgegenjauchzt. In solchem Falle tritt uns die Unmittelbarkeit der Wirkung noch deutlicher und reiner entgegen, als beim Hunde, weil wir gar nicht geneigt sind, einem unmündigen Kinde geistige Thätigkeiten zuzuschreiben, von denen wir wissen, dass sie in solchem Alter nicht möglich sind.

Ein anderes Beispiel giebt Gelegenheit, den oben ausgesprochenen Gedanken zu illustriren, dass bei solchen Reproductionen, die zum Erkennen oder Verstehen oder Wiedererkennen eines Wahrgenommenen dienen, die entsprechenden Vorstellungen, die dasselbe bewirken, sogar zu Begehrungen und Strebungen, zu Erwartungen und sehnsüchtigen Vorstellungen werden können und als solche auch das äussere Verhalten des Vorstellenden bestimmen. Der Hund begleitet seinen Herrn, der alsdann aber in einem Hause verschwindet, ohne den Hund mitzunehmen. Der Hund sitzt jetzt erwartungsvoll und sehnsüchtig vor dem Hause, schaut unverwandten Blickes nach der Thür, durch die der Herr verschwand, sieht und hört nicht, was um ihn vorgeht. In dieser Situation denkt der Hund nichts, sondern ist durch den eben geschilderten psychischen Zustand vollständig gefesselt! Sobald der Herr aber zurückkehrt und der Hund ihn erblickt, tritt eine ähnliche Scene ein, wie im vorigen Falle. Ohne Zweifel ist das Bild des Herrn, welches wir die Erinnerungsvorstellung nennen, als Rückstand früherer Wahrnehmungen im Innern des Hundes jetzt aus denselben Ursachen in ein Streben oder Erwarten und Begehren übergegangen, die auch in der Menschenseele in allen ähnlichen Fällen wirken. Dieses Bild wird nämlich durch alle damit associirten Reste früherer Wahrnehmungen und Erlebnisse, die aus dem Umgange mit dem Herrn stammen, zu einer grossen Bewusstseinsstärke gehoben und leidet dabei gleichzeitig von dem entgegengesetzten Inhalte der thatsächlichen Wahrnehmungen, welche die Umgebung veranlasst, eine bedeutende Hemmung, ohne jedoch dadurch unbewusst zu werden, gegen welche vielmehr das reproducirte Bild zu noch grösserer Bewusstseinsstärke anwächst. Das ganze Verhalten des Hundes ist auch hier der nothwendige Erfolg eines mechanisch wirkenden Verhältnisses zwischen neuen und alten Zuständen, ohne dass irgendwelche höhere geistige Activität, als nur die in den Inhalten der Vorstellungen selbst begründete, dazu mitwirkte. Wie der Hund in beiden Fällen zwar den Herrn erkennt, nicht aber braucht durch Erinnerung wiederzuerkennen, eben weil er ihn kennt, ganz ebenso verhält es sich mit der dichterisch vergeistigten Rauchschwalbe, die im Frühjahr auf den alten bekannten Hof zurückkehrt und lustig ihr Lied zwitschert[6], und in unzähligen anderen Fällen mit anderen Thieren. Das Verständniss aller dieser Fälle hängt wesentlich davon ab, dass man einen richtigen Begriff von dem hat, was ich das unmittelbare Empfindungs- und Wahrnehmungsbewusstsein nannte, und sich klar macht, wie die Bestandtheile desselben mit den Rückständen entsprechender alter Empfindungen und Wahrnehmungen in einen Reproduktionsverkehr treten, dessen Wirkungen die Inhalte dieser Bestandtheile und Rückstände nicht überschreiten, wohl aber das denselben zugehörige Bewusstsein modificiren.[7]

Zu einer letzten Gruppe solcher Verhaltungsarten der Thiere, um deretwillen man ihnen Ueberlegung und Verstand zuschreibt, fasse ich alle diejenigen Fälle zusammen, in welchen der eben bezeichnete Reproductionsverkehr zwischen Wahrnehmungen und alten Vorstellungen nach den Gesetzen der Association sich in längeren Reihen ausbreitet und dadurch den Schein erregt, als ob das thierische Vorstellen und Handeln gewissermassen freier würde und ohne Gebundenheit an den Vorstellungsmechanismus vor sich ginge.

Auch hier können einzelne Beispiele die Sache am besten klar machen. Ein Beispiel der Art ist nun zunächst auch das Betragen des schon oben erwähnten Hundes auf dem Sopha. Was also ist es, das in dem Hunde wirkt, der von dem Sopha, auf dem zu liegen ihm durch Worte und Schläge verboten ist, herabspringt, sobald er den Herrn kommen hört? Ist es Ueberlegung, die darauf sinnt, die Strafe zu vermeiden? Ist es das Wissen oder der Gedanke, dass er im raschen Herabspringen das Mittel habe, dem nahenden Herrn zuvorzukommen und ihn zu täuschen? Es ist Nichts von diesem Allen. Der Hund hat vielmehr, so lange er auf dem Sopha liegt, weiter nichts in sich, als das angenehme Gefühl der weichen, warmen Lage. Jetzt aber entsteht plötzlich in ihm eine Gehörempfindung, das heisst, ein unmittelbar bewusstes Erlebniss: er hört ein Geräusch. Dieses Ereigniss in ihm ist seinem Inhalte nach eine lebendige Kraft, ein unmittelbar in seinem Dasein Bewusstes und als solches Wirkendes. Es ist aber auch seiner Form nach ein bestimmtes, nämlich ein Geräusch, wie der Hund es nicht etwa von einem anderen Hunde, nicht von einem anderen Menschen, sondern gerade das Geräusch, wie er es oft nur beim Gehen und Kommen seines Herrn gehört hat. Schon hier nun sagt man, der Hund habe Verstand, insofern er gerade dieses Geräusch wiedererkenne und von anderen Geräuschen unterscheide. Nach der früheren Auseinandersetzung erkennt der Hund das Geräusch nicht wieder, in dem Sinne einer wirklichen und wahren Erinnerung, sondern das Zusammentreffen des mit dem erlebten neuen Geräusch gleichen wiederbelebten Bewusstseinsinhaltes hat die Folge, dass die neue Geräuschwahrnehmung wie ein bekanntes Bewusstes wirkt. Das in beiden Zuständen Bewusste ist dasselbe und wirkt als solches, ohne dass der Hund ein Bewusstsein davon hätte, dass beide gleich sind und dass die alte Wahrnehmung früher zu demselben Gegenstande gehört hat, zu dem die neue jetzt gehört. Eine Erinnerung in solcher Bewusstseinsform hat nur der Mensch, der aber geneigt ist, auch andere reproducirte Vorstellungen, die ohne eigentliche Erinnerungen zu sein den gleichen Effect haben, Erinnerungen zu nennen, was denn auch immerhin im gewöhnlichen Leben zulässig sein mag. Und was die Unterscheidung betrifft, so ist auch diese kein Bewusstsein des Unterschiedes des gehörten Geräusches von anderen Geräuschen, sondern nur die Wirkung des thatsächlich vorhandenen Unterschiedlichen; das heisst: die Wahrnehmung des charakteristischen Geräusches von den Schritten des Herrn kann eben keine andere Vorstellung wiedererwecken, als nur die ihr entsprechenden alten. Insofern aber diese reproducirten Rückstände des früher gehörten und bekannten Geräusches mit dem Wahrnehmungsbilde des Herrn innig verknüpft sind, wird auch das letztere durch sie wiederbelebt, und mit demselben tritt ohne Verzug auch die ganze Reihe derjenigen mit diesem Bilde zusammenhängenden Erlebnisse ins Bewusstsein, welche wir Schelten und Strafen nennen. Diese letztere Reihe mündet also gewissermassen in dem Anfangsgliede des ganzen Vorganges, nämlich in dem angenehmen Gefühlszustande, den der Hund in seiner Lage hat, übt aber auf diesen Zustand eine kräftige Hemmung aus und bewirkt dadurch seinerseits, dass das Schlussglied des ganzen Vorganges ein Herabspringen des Hundes, das heisst, der naturgemässe physische Effect einer mit einem Schmerzgefühl associirten Vorstellung ist. Selbstverständlich gebraucht der Vorgang nicht so viel Zeit, wie seine Beschreibung.

Aehnliche Beispiele könnte ich noch aus meiner eigenen Erfahrung mehrere anführen. So beobachtete ich einmal einen Fuchs, der vor den Treibern und Hunden aus dem dichten Walde schlich und dabei noch eine Reihe vor ihm stehender Schützen zu passiren hatte. Nach allem, was ich sah, bestand seine ganze kluge Ueberlegung darin, dass er, von einem äusserst empfindlichen Gehör unterstützt, immer nur denjenigen Richtungen folgte, aus denen keine oder nur die schwächsten Geräusche kamen. Das unmittelbare Gefühl der Stille rechts, wie wir sagen, und das unmittelbar bewusste Hören des Geräusches links, wie wir sagen, trieb ihn nach rechts, also nach der Seite der Sicherheit, weil in vielen früheren Lagen seines

Lebens das Gefühl der Stille verknüpft war mit der Gesammtheit seiner Zustände, in denen kein Geräusch und kein fremder Anblick ihn störte und die wir seine Sicherheit nennen, oder auch, weil das Vernehmen des Geräusches sich mit früheren Wahrnehmungen von Menschen und Hunden associirt hatte, deren Rückstände (sogenannte Erinnerungen) wieder wach wurden, den Affect der Furcht erneuerten und dieser ihn naturgemäss in die entgegengesetzte Richtung forttrieb.

Noch instructiver, als diese Beispiele, ist ein Fall, den neulich Herr Th. Schumann, in Tremmen bei Nauen, veröffentlicht hat und den mitzutheilen ich nicht unterlassen kann, weil er meine Ansicht vom Verstandesleben der Thiere vollständig bestätigt, ohne dass Herr Schumann mit meinen theoretischen Grundsätzen scheint irgend bekannt gewesen zu sein. Herr Schumann erzählt:

Ich habe zwei Hunde, einen kleinen hochbeinigen Stubenhund und einen ziemlich grossen Hofhund. Unmittelbar an den Hof schliesst sich der Garten an, in den man durch eine niedrige Lattenthür tritt, welche durch eine auf der Hofseite befindliche und durch den Druck von unten nach oben sich öffnende Klinke geschlossen, ausserdem aber noch durch eine auf der Gartenseite sich befindliche und an den Thürpfosten festgehakte Schnur gehalten wird. Hier nun konnte man, so oft man wollte, Folgendes sehen. Sperrte man den kleinen Hund in den Garten und er wollte wieder heraus, so stellte er sich an die Pforte und bellte. Sofort lief dann der auf dem Hofe sich befindende grosse Hund herbei und hob mit der Nase die Thürklinke in die Höhe, während der kleine auf der Gartenseite in die Höhe sprang und die Schnur mit den Zähnen fasste und durchbiss; worauf dann der grosse die Schnauze zwischen Thür und Pfosten klemmte, die Thür zurückschob und den kleinen herausliess. Jedenfalls scheint doch hier bei den Hunden Ueberlegung zu walten. Dennoch aber und obgleich die Hunde hierzu ganz von selbst, d. h. ohne alle menschliche Anleitung gekommen sind, bin ich in der Lage nachzuweisen, dass sich das Ganze nur aus zufälligen Erfahrungen zusammensetzt, denen die Hunde, ich möchte sagen, bewusstlos folgen. Der Hergang ist nämlich folgender. Als der grosse Hund noch jung war, wurde es ihm gestattet, gleich dem kleinen in den Garten zu gehen, und deshalb war meistens die Thür nicht eingeklinkt, sondern nur angelehnt.

Sah er nun Jemand hineingehen, so folgte er, indem er die Schnauze zwischen Thür und Pfosten zwängte und die Thür auf diese Weise bei Seite schob. Als er gross geworden war, verbot ich, ihn mitzunehmen. Es wurde nun die Thür eingeklinkt. Natürlich wollte er nun folgen, wenn Jemand hineinging, und versuchte auf die alte Weise zu öffnen, was aber nicht mehr anging. Da geschah es denn einmal bei diesen Versuchen, dass er mit der Nase etwas höher fuhr und von unten gegen die Klinke stiess, so dass diese sich aus dem Haken hob und die Thür aufging. Von da ab machte er immer die nämliche Kopfbewegung an der Thür und natürlich mit demselben Erfolge. Er verstand nun die eingeklinkte Thür zu öffnen. Nun aber war der kleine Hund als der ältere sein Lehrmeister in manchen Dingen gewesen, namentlich im Verfolgen von Katzen und im Fangen von Mäusen und Maulwürfen. Hörte er ihn irgendwo eifrig bellen, so eilte er sofort zu ihm. Geschah dieses Bellen im Garten, so öffnete er die Pforte, um hineinzukommen. Indem aber der kleine, welcher herauswollte, sofort beim Aufgehen der Pforte zwischen seinen Füssen hindurch herauslief, so entstand der Schein, als sei er hingelaufen mit der Absicht, ihn heraus zu lassen. Dass dieses nur Schein war, erhellte daraus, dass, wenn es dem kleinen Hund nicht gelang, sogleich herauszukommen, der grosse hineinlief und ihn suchend umkreiste, zum deutlichen Zeichen, dass er dort irgend etwas erwartet hatte. Um nun dieses Oeffnen zu hindern, brachte ich auf der Gartenseite die Schnur an, welche straff gezogen die Thür fest gegen die Pfosten gedrückt hielt, so dass, wenn der Hund die Klinke hochhob und dann wieder nachliess, diese jedesmal in den Haken zurückfiel. Das half denn auch eine ganze Zeit. Da geschah es einstmals, dass ich von einem Spaziergange, auf welchem mich der kleine Hund begleitet hatte, durch den Garten zurückkehrte, und als ich durch die Thür ging, war dieser zurückgeblieben und wollte auch auf mein Pfeifen nicht kommen. Da es eben anfing zu regnen und ich wusste, wie unangenehm ihm das Nasswerden war, schloss ich die Thür, um ihn damit zu strafen. Ich hatte auch kaum die Hausthür erreicht, so stand er schon an der Pforte und fing, da auch der Regen stärker wurde, ganz jämmerlich an zu bellen und an zu schreien. Der grosse, welcher den Regen nicht achtet, war sofort bei der Hand und versuchte alles mögliche, die Thür zu öffnen, aber natürlich vergebens. Fast verzweifelnd biss der kleine inwendig in die Thür und sprang zugleich in die Höhe, ob er nicht etwa hinüber könne. Dabei kam ihm die Schnur zwischen die Zähne und riss, worauf auch die Thür aufging. Nun wusste er es und zerbiss die Schnur jedesmal, wenn er herauswollte, so dass ich sie anders legen musste. Dass übrigens der Hund, indem er die Klinke hochhebt, nicht einmal weiss, dass die Klinke die Thür schliesst und das Aufheben derselben die Thür öffnet, sondern nur ganz bewusstlos den einmal geglückten Stoss mit der Nase wiederholt, erhellt aus Folgendem: die Thür nach dem Strohstall ist ganz auf gleiche Weise wie die Gartenthür durch eine Klinke geschlossen, die nur ein wenig höher sitzt, doch so, dass er sie gut erreichen kann. Auch hier wird der kleine bisweilen eingesperrt, und wenn er bellt, macht der grosse Hund alle möglichen Versuche, die Thür zu öffnen; es ist ihm aber noch nie eingefallen, die Klinke hoch zu stossen. Das Thier kann nicht Schlüsse machen, d. h. nicht denken.[8]

Ohne dass es nöthig wäre, dieser Mittheilung noch ein Wort zur näheren Interpretation des geschilderten Vorganges hinzuzufügen, gehe ich nun sogleich zu dem über, was in meiner Darstellung noch fehlt, nämlich der Nachweis der fundamentalsten specifischen Bestandtheile und Verhältnisse, welche die Natur des eigentlichen Verstandes ausmachen und im Thier nicht vorkommen. Diese Bestandtheile und Verhältnisse sind im Geistesleben des Menschen wiederum Neues, welches in der Entwickelung desselben den im Empfindungs- und Wahrnehmungsbewusstsein wirkenden Mechanismus überschreitet, während dieser im Thier nur auf seine eigenen Resultate beschränkt bleibt. Einige von diesen Bestandtheilen und Verhältnissen mussten schon in der bisherigen Darstellung erwähnt werden. Jetzt aber ist die Aufgabe, nicht ein einzelnes Dieses oder Jenes, sondern dasjenige zu nennen, was das fundamentale Bedingende ist, wenn überhaupt Verstandesthätigkeit möglich sein soll. Der Nachweiss, dass Dasselbe nicht durch eine formale Abänderung und noch weniger, wie die Abstammungslehre meint, durch eine graduelle Steigerung Dessen entstehen konnte noch entstehen kann, was das vom Menschen mit dem Thiere getheilte Empfindungs- und Wahrnehmungsbewusstsein nebst den in ihm statthabenden Vorgängen der Associationen, Reproductionen und Hemmungen ist und leistet, gehört zu unserer zweiten Aufgabe, während der Nachweiss, dass Dasselbe etwas Neues und den psychischen Mechanissmus Ueberschreitendes ist, mit im Rahmen des Nächstfolgenden liegt.

Gewöhnlich meint man, dass die Verstandesthätigkeit wesentlich in dem Besitze und Gebrauche sogenannter allgemeiner Vorstellungen und Begriffe bestehe. Dies ist richtig, insofern, als durch die Allgemeinvorstellungen der Mensch zu Bewusstseinsinhalten gelangt, die ihn über die einzelnen Sinnesempfindungen und Wahrnehmungen, sowie über die einzelnen Erinnerungsvorstellungen hinausführen, und ihn befähigen, seine vorstellende Thätigkeit in einer Gedankenreihe fortschreiten zu lassen, welche gleichsam in einer zweiten Etage über jenen liegt. Die Befähigung zu einem solchen von Empfindungen und Wahrnehmungen unabhängigen, gleichsam über ihnen stehenden Vorstellen hält man mit Recht für eine wesentliche Bedingung, wenn Verstand möglich sein soll. Dennoch würde eine volle Klarlegung gerade dieses Gegenstandes in ein Detail der Psychologie einzugehen nöthigen, welches für diesen Ort nicht passt. Andrerseits ist jedoch die Beantwortung der Frage, ob allgemeine Vorstellungen auch den Thieren zuzuschreiben sind oder nur dem Menschen, auch nicht von grossem Belang für das, worauf es hier ankommt. Man könnte nämlich immerhin dem Menschen allein den Besitz und Gebrauch von Allgemeinvorstellungen und Begriffen zuschreiben und den Thieren absprechen müssen, und hätte damit doch noch keine Kenntniss von den näheren Bedingungen der Verstandesthätigkeit, die ausser den Allgemeinvorstellungen in dem Besitz und Gebrauch noch anderer, ganz eigenthümlicher Bewusstheitsinhalte liegen. Da es also auf den Nachweis der letzteren ankommt, so wird die Frage nach den Allgemeinvorstellungen und Begriffen hier nicht weiter verfolgt, sondern ich begnüge mich zu erklären, dass ich keinerlei Grund kenne, warum den Thieren Allgemeinvorstellungen und Begriffe müssten zugeschrieben werden.[9]

Das Wort Verstand oder Verstandesthätigkeit bedeutet die Befähigung des Menschen, von dem Inhalte der Erfahrungswelt, wie derselbe in seinen thatsächlichen Beschaffenheiten gegeben ist, sich adäquate Vorstellungen zu bilden, diese als solche zu denken und durch die Verknüpfung derselben von den Bezügen und Verhältnissen, die unter den Bestandtheilen der Erfahrung, den Dingen, Ereignissen und Zuständen, stattfinden, richtige Urtheile zu bilden, sowie endlich auf Grund solcher Erkenntniss auch derselben gemäss zu handeln.

Diese Definition des Verstandes ist nicht irgend welcher psychologischen Theorie entlehnt, sondern ist der allgemeine Ausdruck der mannigfaltigen Denkerfahrungen, die der Mensch von jeher gemacht hat und noch täglich in dem Verkehre mit der Natur, in der Auffassung seines eigenen Innern, in den Wissenschaften und im Leben macht. Sie passt daher auf den Verstand des Kindes und des Wilden, wenn und wie weit Beide schon verständig sind, ebenso gut, wie auf den Verstand des gebildetsten Mannes. Sie sagt aus: wer ein Messer für eine Scheere, zehn für mehr als zwölf, das Holz für Speise, das Brod für Brennmaterial, das Dreieck für ein Viereck hält, oder wer vor seinem Schatten sich fürchtet, von dem Hersagen einiger Worte die Heilung einer Krankheit erwartet, oder wer nicht einsieht, dass zum Durchlaufen einer Distanz bei grösserer Geschwindigkeit weniger Zeit gehört, als bei einer kleineren, dass derjenige, der mehr ausgiebt, als er einnimmt, in Schulden geräth, dass zu der kleineren Seite eines Dreiecks auch ein kleinerer gegenüberliegender Winkel gehört, als zu einer grösseren Seite desselben Dreiecks, oder wer im Winter seine Aecker pflügt und besäet, im Sommer sie unbeachtet lässt, auf das Pferd, das er reiten will, sich verkehrt setzt, oder es am Wagen statt vorn an die Deichsel hinten anspannt, oder wer gegebene, von ihm ganz unabhängige Verhältnisse und Zustände des Lebens bei seinem Wollen und Handeln, obgleich er sie kennt, gar nicht in Anschlag bringt, sondern, wie das Sprichwort sagt, mit dem Kopf durch die Wand rennen will, oder die Widersprüche in seinen eigenen Behauptungen nicht wahrnimmt u. s. w.: der hat keinen Verstand! Diese gewöhnlichen Beispiele sind absichtlich gewählt, weil sie den Sinn der Gedanken, die in der obigen Definition enthalten sind, deutlicher erkennen lassen, als Beispiele, die aus einer höheren Stelle in der Verstandeswelt entlehnt wären.

Wird nun untersucht, welche eigenthümlichen Bewusstseinsinhalte als die fundamentalsten Bedingungen im Geiste vorhanden sein und ihrer Bedeutung nach wirken müssen, wenn ein Verhalten des Vorstellens und Denkens soll zu Stande kommen können, welches den Namen des Verstandes und der Verständigkeit verdient, so ergeben sich folgende Bedingungen als wesentlich dazu erforderlich.

Zuerst muss der Mensch, damit seine vorstellende Thätigkeit nicht mehr bloss der Herrschaft des psychischen Mechanismus unterworfen bleibt, sondern auch unter den Einfluss einer anderen, als bloss naturnothwendigen Causalität, nämlich der Causalität des logischen Denkens gerathen kann, das Bewusstsein oder das Wissen davon besitzen, dass es Wirkliches giebt: er muss denken können, dass Etwas wirklich ist oder wirklich geschieht.

Dieser Gedanke der Wirklichkeit oder des Seins ist nun thatsächlich im Menschen vorhanden und zwar schon im Menschen auf der niedrigsten Kulturstufe. Der Mensch nimmt nicht bloss wahr, sondern er hat auch das Bewusstsein, dass das Wahrgenommene ist, und erst durch diesen Gedanken wird ihm seine Wahrnehmung das Bild eines Dinges. Er nimmt nicht bloss das Herabfallen des Wassers vom Himmel wahr, sondern er weiss auch, dass es fällt: erst durch diesen Gedanken wird ihm die Wahrnehmung das Bild eines wirklichen Ereignisses oder Geschehens. Er fühlt nicht bloss die Wärme der Sonne, sondern er weiss auch, dass die Sonne und die Wärme und sein Gefühl da sind. Er steht oder geht nicht bloss, sondern er weiss auch, dass er steht oder geht. Er denkt nicht bloss, sondern er weiss auch, dass er denkt und dass das Denken geschieht. Er ist nicht bloss, sondern er weiss auch, dass er ist: er hat ein Bewusstsein von seiner eigenen Wirklichkeit. In solchem Bewusstsein offenbart sich dem Menschen die Macht des Wirklichen, die Gewalt des Thatsächlichen, die Selbstständigkeit des an sich vorhandenen Inhaltes der Welt!

Insofern nun aber sein Empfinden, Wahrnehmen und Vorstellen aus dem unmittelbaren Bewusstsein ins Unbewusstsein schwindet und an seine Stelle wiederum ein anderes unmittelbar Bewusstes tritt, jenes aber doch in Rückständen beharrt, die als Erinnerungen wiederkehren, so entsteht im Menschen auch das Bewusstsein eines vom Wirklichen Unterschiedlichen: der Mensch lernt Wirkliches vom Nichtwirklichen unterscheiden. Dieser Unterschied ist zuerst mit dem Unterschiede zwischen wirklich Wahrgenommenem und bloss Erinnertem, wirklich Erlebtem und bloss

Vorgestelltem einerlei, erweitert sich aber allmälig durch neue Denkerfahrungen dahin, dass der Mensch überhaupt und ganz allgemein zwischen Wirklichkeit und Einbildung unterscheiden und auch das Eine vom Anderen absondern lernt.

Wo der eben genannte Bewusstseinsinhalt nicht ist, da ist auch kein Verstand möglich, und nur so weit ist dieser vorhanden, wie weit die Einbildungen von den Wirklichkeiten abgeschieden sind. Es wird jetzt nicht gefragt, wie ein solcher Zustand entsteht; wohl aber lässt sich ohne weitere Erörterung erkennen, dass er aus den Empfindungen, Wahrnehmungen und deren Erinnerungen nicht entsteht. Die gewöhnliche Meinung geht dahin, dass in der Empfindung und Wahrnehmung unmittelbar auch das Sein, die Existenz, die Wirklichkeit mit gegeben, gleichsam mit ein Product des Sinnes sei. Dies ist ein Irrthum, der dadurch entsteht, dass der Gedanke des Seins, wenn er einmal mit dem Empfundenen und Wahrgenommenen sich innig verknüpft hat, davon unablöslich erscheint, der aber durch eine einfache Besinnung auf den Inhalt des Empfundenen und Wahrgenommenen corrigirt werden kann. In der Wahrnehmnng des Zuckers liegt weiter nichts als die Summe der verknüpften Sinnesempfindungen: Niemand kann in diesen den Gedanken des Seins, der Existenz, der Wirklichkeit entdecken, Niemand ihn daraus ableiten. Und so ist es in allen Fällen sinnlicher Empfindung und Wahrnehmung. Nicht anders ist es in Betreff der Erinnerungsvorstellungen, die weiter nichts vermögen, als die früheren Inhalte in gewisser Bewusstseinsstärke zu erneuern. Ebenso endlich ist es in Betreff jedes anderen inneren Erlebnisses, eines Gefühls, eines Affectes, einer Begierde, eines Wollens u. s. w. In keinem Zustande der Art liegt das Bewusstsein des Seins. Wir sind genöthigt, anzunehmen, dass hier zu einem alten Vorhandenen ein Neues hinzukommt.

Ist dies aber richtig, dann ist auch die Folgerung nothwendig, dass dieser neue Bewusstseinsinhalt nicht durch denjenigen Mechanismus erwirkt sein kann, der die vorhandenen Empfindungen, Wahrnehmungen und Vorstellungen beherrscht. Der psychische Mechanismus kann überhaupt keinen neuen Bewusstseinsinhalt erwirken, das Alte nicht in ein Neues umwandeln; er kann nur, was schon vorhanden ist, verbinden und trennen, hemmen und reproduciren. Entsteht hierbei etwas Neues, dann ist es durch ihn nur veranlasst, aber nicht verursacht: es selbst kommt anderswoher. Auf diese Stelle wird die Erörterung der Schlussfrage zurückgreifen.

Der Mensch geht also durch den Gedanken der Wirklichkeit über das Wirkliche hinaus, und hiermit ist die erste Bedingung erfüllt, dass er auch Wirkliches und Eingebildetes unterscheiden und insofern verständig werden kann. Ist nun dieser Gedanke als eine Thatsache auch im Inneren des Thieres vorhanden? Wie weit ich das Verhalten und Betragen der Thiere beobachtet habe, ist mir Nichts vorgekommen, das zu solcher Annahme hätte nöthigen können. Die Thiere beharren nach meinem Dafürhalten für immer in demjenigen Zustande, worin auch das menschliche Kind so lange verweilt, wie lange es noch nicht das Bewusstsein der Wirklichkeit und des Seins besitzt und den Unterschied zwischen Wirklichem und Eingebildetem noch nicht kennt. Das Kind aber kommt mit der Zeit zu solchem Bewusstsein, welches zur Entwicklung seines Geistes gehört; das Thier niemals, weil es zu dessen Natur nicht gehört. Der Vogel fliegt, isst, trinkt, singt: in allen diesen Zuständen und Verrichtungen hat er ein angenehmes Dasein, aber die Wirklichkeit des Fliegens, Essens und Singens denkt er nicht, ebenso wenig wie es weiss, dass der Baum existirt, auf dessen Zweigen er sich lustig wiegt, und dass der Ruf geschieht, den seine hungrigen Jungen ertönen lassen. Dasselbe gilt von unseren bestdressirten Hausthieren, dem Pferde und dem Hunde. Nirgends entdeckt man ein Zeichen davon, dass sie wüssten, dass sie sind und dass sie wüssten, dass eine Welt noch ausser ihnen existirt. Dagegen giebt es viele Zeichen vom Gegentheil. Selbst das gezähmte Thier rüttelt ohne Unterlass an den Eisenstäben seines Gefängnisses, ohne zum Gedanken ihrer unüberwindlichen Wirklichkeit zu gelangen. Das Insect, das begierig das Licht sucht, schwirrt unermüdlich die Fensterscheibe hinauf und fällt wieder herab, ohne den Widerstand, den es aller Wahrscheinlichkeit nach fühlt, als ein Zeichen fremder Wirklichkeit zu erkennen und zu verstehen. Der Hecht, von dem Darwin erzählt, dass er durch eine Glaswand von anderen Fischen getrennt war, stösst Monate lang mit dem Kopfe gegen das Glas, weil er kein Bewusstsein der Wirklichkeit hat. Eben deshalb kann auch von Einbildungen in der Thierwelt nicht die Rede sein, das heisst von bewussten Verwechselungen des Nichtwirklichen mit Wirklichem.

Soll Verstand möglich sein, so muss der Mensch zweitens über die Inhalte seines Bewusstseins auch insofern hinauskommen, dass er nicht mehr an deren bloss vorwärts gerichteten Ablauf, wie ihn der psychische Mechanismus erwirkt, gebunden bleibt. Er muss diese Inhalte auf einander beziehen, mit einander vergleichen, in einem nicht bloss zeitlichen, sondern von ihrer Bedeutung determinirten Zusammenhange vorstellen und denken können. Mit der thatsächlichen Erfüllung dieser Bedingung, die im Menschen statthat, ist die Entstehung neuer Vorstellungen oder Gedanken verbunden, welche zu prädicativen Bestimmungen des Wirklichen dienen. Das, was ist und geschieht, wird für den Menschen allerdings zuerst ein Gegenstand des Verstandes dadurch, dass es als ein Wirkliches gedacht und vom Nichtwirklichen unterschieden wird. Allein damit der Verstand weiter komme, muss auch über das Wirkliche noch Dasjenige gedacht werden, was ihm zukommt, wenn ein Wirkliches nicht isolirt, sondern mit anderem Wirklichen zusammen gedacht wird. Die hierbei entstehenden Gedanken sind deshalb sämmtlich, wie man es ausdrückt, formaler Art. Durch sie entspringt im Denken ein Verkehr mit dem Wirklichen, worin über dasselbe geurtheilt und durch Urtheile neue Erkenntnisse gewonnen werden. Solche neue Vorstellungen sind zum Beispiel die des Ganzen und des Theiles, der Gleichheit, des Grossen und des Kleinen, des Vielen und des Einen, des Mehr und des Weniger, der Aehnlichkeit und der Verschiedenheit, des Ortes und der Entfernung, der Bewegung und der Ruhe, der Zu- und Abnahme, des Verbundenen und des Getrennten, der Herkunft des Einen von einem Andern, des Entstehens und Vergehens, des Wirkens und des Leidens, des Bedingenden und des Bedingten, der Ursache nnd der Wirkung, des Lebendigen und des Todten, u. a. In dem Gebrauche gerade dieser Vorstellungen wandelt der Mensch seine Empfindungs- und Wahrnehmungswelt in eine Verstandeswelt um, in die er nach und nach alles Wirkliche einordnet.

Dass nun auch diese Vorstellungen nicht Wirkungen eines blossen psychischen Mechanismus sein können, lässt sich durch eine Erwägung des ersten besten Beispiels darthun. Gesetzt, es werde ein Apfel wahrgenommen, und diese Wahrnehmung habe dann aufgehört. Alsdann sei wieder ein Apfel wahrgenommen und die Wahrnehmung habe wieder aufgehört, und dieser Vorgang habe sich öfter wiederholt. Mögen nun sämmtliche Wahrnehmungen eine nach der andern als Erinnerungen ins Bewusstsein zurückkehren, so bringt jede derselben doch weiter nichts, als ihren eigenen Inhalt mit sich. Selbst wenn man diese Inhalte auch in ganz verschiedener Succession, ja auch in umgekehrter Abfolge auftreten lässt: niemals wird dadurch das Bewusstsein dieser Inhalte sich in das Bewusstsein umwandeln, dass es viele Aepfel waren, oder dass es ihrer zwölf waren, die man sah, dass ein Apfel ähnlich war dem andern, oder grösser, als ein anderer. Diese Vorstellungen fügen zu den wahrgenommenen oder erinnerten Inhalten ein Prädikat hinzu, das aus einer anderen Quelle, als der blossen Succession einzelner Inhalte stammt und doch eine Erweiterung der Erkenntniss des Wirklichen ist. Keine dieser Vorstellungen kann aus dem Empfindungs- und Wahrnehmungsbewusstsein und den dazu gehörigen Erinnerungen allein abgeleitet werden, sondern man hat längst bemerkt, dass dazu, wie man sagt, ausser der Succession des Vorstellens noch eine Zusammenfassung, eine Vergleichung, ein Festhalten des Einen neben dem Andern, eine Beziehung des Einen auf das Andere gehört. Allein auch diese Ausdrücke bezeichnen nur die Bedingungen, nicht aber die Natur des ursachlichen Vorganges selbst, woraus das Neue stammt.

Andererseits haben wir auch hier wiederum keinerlei Grund, irgendeine dieser Vorstellungen als eine Thatsache im Thierbewusstsein vorauszusetzen. Das Thier sieht aller Wahrscheinlichkeit nach einen Apfel, wie wir; auch den Korb, worin er liegt, wie wir; es wird auch wohl beide Wahrnehmungen in einerlei Raumschema besitzen, wie wir. Dass es aber denken sollte, „da liegt ein einziger Apfel“, oder dass es denken sollte, „der Apfel ist verschieden vom Korbe“, oder dass es denken sollte, „der Apfel liegt im Korbe“: dies halte ich mindestens für im allerhöchsten Grade unwahrscheinlich oder, in Berücksichtigung aller Erfahrungen und aller dabei vorauszusetzenden Bedingungen, für unmöglich. Ebenso sieht das Thier die Gesichter der Menschen, wie wir; aber es hat kein Bewusstsein, dass das eine ähnlich ist dem andern. Es sieht ein Dreieck, wie wir; aber es hat kein Bewusstsein von den Seiten als Bestandtheilen des Ganzen, noch von dem Unterschiede der Seiten und der Winkel. Das Thier läuft oder springt oder geht, wie wir; aber es hat kein Bewusstsein davon, dass es zehn oder zwanzig Schritte gemacht hat. Es sieht ein Haus, wie wir, und ein Pferd, wie wir; aber es weiss nicht, dass ein Haus höher ist, als ein Pferd. In allen diesen Fällen hat der Mensch Bewusstseinsinhalte gewonnen und auch der noch jetzt am weitesten rückständige Mensch besitzt sie, in denen er über die Dinge und Ereignisse Etwas vorstellt oder denkt, das in den Wahrnehmungen der Dinge und Ereignisse nicht liegt und doch dazu dient, dieselben zu verstehen, das heisst, über sie verständig zu urtheilen.

Der Besitz eines Bewusstseins von der Wirklichkeit und ihrem Gegentheil und daneben auch der Besitz einer grösseren oder kleineren Anzahl zu Prädicaten des Wirklichen verwendbarer Vorstellungen verbürgt jedoch noch nicht einen in allen Fällen richtigen oder verständigen Gebrauch dieses Besitzthums. Der psychische Mechanismus, das heisst die Gesammtheit der von den psychischen Kräften mit Nothwendigkeit ausgehenden Wirkungen, wie das Kommen und Gehen, die Succession, das Zusammentreffen und die Associationen, die Hemmungen und Verdunkelungen der Vorstellungen, führt oft genug an die Stelle, wo die Vorstellung der Einbildung oder der Gleichheit oder der Bewegung u. s. w. stehen und wirken sollte, die Vorstellungen des Wirklichen, des Ungleichen, der Ruhe u. s. w. Dass Urtheile entstehen, heisst zunächst nur, dass zwei Vorstellungen in eine derartige Stellung zu einander gerathen, dass das Bewusstsein der einen zu dem Bewusstsein der anderen, ohne eins zu werden, in ein Verhältniss tritt, wodurch das Bewusstsein der einen eine Modification erfährt. Es muss deshalb noch ein anderer Bewusstseinsinhalt wirken, durch den auch die letzte Spur der Abhängigkeit vom psychischen Mechanismus, insofern durch ihn statt der Verständigkeit auch der Unverstand ermöglicht ist, überwunden werden kann.

Diese Bedingung ist nun im Menschen dadurch erfüllt, dass in ihm im Zusammentreffen zweier Vorstellungen ausser dem Bewusstsein ihres Inhaltes auch ein Bewusstsein ihrer Zusammengehörigkeit, ihres Zusammenpassens, ihrer Vereinbarkeit oder aber ihres Widerstreites, ihrer gegenseitigen Ausschliessung, ihrer Unvereinbarkeit entsteht. Dieses Bewusstsein ist es, was über die Berechtigung eines Vorstellungsverhältnisses, welches ein

Urtheil heisst, entscheidet, ob es nicht bloss eine psychische Existenz, sondern auch eine Existenz in der Welt des Verstandes beanspruchen darf. In ihm liegt das, was man das Bewusstsein der Wahrheit und des Irrthums nennt, eine der tiefsten Offenbarungen der Natur des Menschengeistes. Durch dieses Bewusstsein erfährt der Mensch, dass, wenn er auch durch seine Einfügung in den unbewusst seienden und unbewusst wirkenden Inhalt der Welt den mit Nothwendigkeit bestehenden Gesetzen der natürlichen Causalität einem Theile nach, nämlich innerhalb des in ihm wirkenden psychischen Mechanismus, unterworfen ist und sein mnss, er doch noch einer anderen Causalität, nämlich der des Verstandes, des logischen Denkens, zu folgen vermag. Durch die von dieser Causalität ausgehende Nöthigung, die eben im Bewusstsein des Unterschiedes zwischen Wahrheit und Irrthum, zwischen logischer Denkbarkeit und Ausschliessung liegt, bekommt er den Antrieb, das, was der reproducirende Mechanismus ins Bewusstsein führt, bald ganz zurückzuweisen, bald es durch einen anderen Inhalt zu ersetzen, die von ihm erwirkten Verbindungen bald als falsch und irrthümlich aufzulösen, bald als zulässig und wahr anzuerkennen. Erst dadurch, dass der Ablauf und die Verbindungen der Vorstellungen von dieser über dem Mechanismus stehenden logischen Causalität determinirt werden, nimmt das Denken diejenige Bildung an, die man Verstand und Verständigkeit im eigentlichen Sinne nennen kann und sich wie auf dem Gebiete der Wirklichkeit und des Lebens, so auf den Gebieten des bloss Denkbaren in gleicher Weise bewährt.

Wer das bisher Gesagte anerkennt, für den wird es keines Nachweises bedürfen, dass das Bewusstsein der Wahrheit und des Irrthums, oder allgemein gesagt, die logische Natur des menschlichen Denkens, gleichfalls nicht aus dem Mechanismus der Empfindungen, Wahrnehmungen und Erinnerungen ableitbar ist. Ebenso wird er der Ansicht beistimmen, dass ein solcher Bewusstseinsinhalt am allerwenigsten in einem Thier vorausgesetzt werden kann, vielmehr einen fundamentalen und specifischen Unterschied zwischen menschlichem und thierischem Geistesleben bildet. Dagegen ist es thatsächlich verbürgt, dass sämmtliche nachgewiesene Bedingungen der Verstandesthätigkeit innerhalb gewisser Gränzen selbst in dem rückständigsten Menschen vorhanden sind. Hiernach darf nunmehr das

Resultat der auf unsere erste Antithese bezüglichen Erörterung in folgenden Sätzen zusammengefasst werden:

1. Der sogenannte Verstand der Thiere besteht in den naturnothwendigen Wirkungen und Gegenwirkungen, die theils unter ihren Sinnesempfindungen und Wahrnehmungen, deren Rückständen und den damit verbundenen Gefühlen und Begierden als solchen, theils zwischen diesen und den neuen Eindrücken der Wahrnehmungswelt stattfinden. In den Thieren wirkt ein physiologisch-psychischer Mechanismus, dessen Resultat man in Betreff ihrer Verrichtungen und Handlungen sowohl unter einander, als auch gegenüber der Aussenwelt passend den Verstand des Gedächtnisses nennen kann.[10]
2. Auch der Mensch besitzt, wie das Thier, den Verstand des Gedächtnisses, und sogar in noch grösserem Umfange und grösserer Mannigfaltigkeit seiner Verwendung. Durch ihn hängt auch der Mensch, wie das Thier, mit der Aussenwelt nach den Gesetzen naturnothwendiger Causalität zusammen und vollzieht mit der unwillkührlich und unbewusst wirkenden Hülfe desselben einen sehr erheblichen Theil seiner Bewegungen und Handlungen ganz in derselben Weise, wie das Thier.
3. Während das Thier aber in der Gebundenheit an diesen Mechanismus beharrt, so dass sein Leben in dem Empfindungs- und Wahrnehmungsbewusstsein und dessen Reproductionen nebst Gefühls- und Begehrungsunterschieden eingeschlossen bleibt, treten im Menschen mehrere ganz neue Bewusstseinsinhalte hervor, für deren Dasein in einem Thier keinerlei sicheres Anzeichen gefunden wird, welche vielmehr als eigenartige Bestandtheile des menschlichen Geistes gelten dürfen. Solche Bewusstseinsinhalte sind insbesondere die Gedanken der Wirklichkeit oder des Seins, eine Anzahl von Vorstellungen, durch welche das Wirkliche näher bestimmt wird, und endlich die Gedanken der Wahrheit und des Irrthums, durch deren Bewusstsein die Verbindungen der Vorstellungen nach anderen als bloss psychisch nothwendigen Gesetzen geregelt wird. Durch den Besitz dieser Bewusstseinsinhalte und ihre Verwendung hört das Vorstellen des Menschen auf, bloss einreihig zu sein, wie es im Thier ist; durch sie hört das Vor-

stellen des Menschen auf, durch rein mechanisch wirkende Kräfte allein necessitirt zu werden, wie es mit dem Vorstellen des Thieres der Fall ist; durch sie kommt der Mensch zum Bewusstsein der logischen Causalität, die ihn über die naturnothwendige Causalität erhebt. Durch die Wirkung dieser neuen Causalität wird das Vorstellen des Menschen eigentliches Denken, und der Verstand des Gedächtnisses wird ergänzt durch einen Verstand, der nach Gründen urtheilt und schliesst, erkennt und begreift.

4. Diese über dem Empfindungs- und Wahrnehmungsbewusstsein liegenden Bewusstseinsinhalte sind weder aus den Empfindungen und Wahrnehmungen als solchen, noch aus dem Mechanismus derselben, also überhaupt nicht aus denjenigen psychischen Bestandtheilen ableitbar, welche der Mensch mit dem Thiere gemeinsam hat. Es muss andere Ursachen nicht bloss ihrer Entstehung insbesondere, sondern überhaupt der Fortbildung des menschlichen Geistes über die Wahrnehmungswelt hinaus in eine zu deren Erkenntniss nöthige Verstandeswelt geben.
5. Endlich kann aus den Reden und Handlungen selbst der noch am meisten rückständigen Menschen mit Sicherheit geschlossen werden, dass die angeführten fundamentalen Bedingungen der Verstandsthätigkeit auch in ihnen schon vorhanden sind und innerhalb gewisser Gränzen erfüllt werden.

Die zweite Antithese, welche der Abstammungslehre oben in Betreff des Geisteslebens des Menschen und der Thiere entgegengestellt wurde, verwirft die Annahme, dass die intellectuellen Vorzüge des Menschen vor dem Thier durch eine graduelle Steigerung entsprechender Bestandtheile im Geistesleben des Thieres entstanden seien und zwar vermittelst derselben Ursachen, durch welche der thierische Organismus weitergebildet sein soll.

Die Begründung dieser Antithese ist nun aber zum Theil schon im Vorhergehenden mit enthalten, insofern als nachgewiesen ist, dass innerhalb der dem Menschen und dem Thier gemeinschaftlichen geistigen Sphäre von gewissen Stellen an ganz neue Bestandtheile im Menschen auftreten, die sich nicht als Fortsetzungen der früheren ansehen lassen. Allein da man die obigen Nachweise vielleicht als unzureichend verwirft, so ist es nöthig, die ausgesprochene Annahme der Abstammungslehre für sich zu prüfen.

Die Vorstellung der graduellen Steigerung wird bekanntlich nur da gebraucht, wo eine Zu- und Abnahme der Stärke oder Intensität vorausgesetzt wird, die einer bestimmten sich gleichbleibenden Qualität zugehört. So giebt es eine graduelle Steigerung der Temperatur, des Lichtes, des Tones, des Schmerzes, der Lust. In demselben Sinne spricht man von einer graduellen Zunahme der Geschwindigkeit oder des Druckes, überhaupt einer in ihrer Wirkung zunehmenden Kraft. Niemals wird dabei ein Ueberspringen in eine andere Qualität zugelassen, die vielmehr, wenn sie da wäre, nur eine eigene continuirliche Gradreihe für sich bilden könnte.

Sieht man nun nach, ob es psychische Qualitäten giebt, die einer graduellen Steigerung zugänglich sind, so bieten sich als solche zunächst sämmtliche Empfindungen und Gefühle dar, aus denen vorhin schon einige Beispiele entlehnt sind. Ferner die aus Empfindungen componirten Wahrnehmungsbilder, die an Klarheit und Deutlichkeit continuirlich zu- und abnehmen. Auch die Erinnerungsvorstellungen, deren Bewusstseinsstärke steigt und fällt. Ausserdem werden gewöhnlich auch noch die Begierden, auch gewisse Affecte und Leidenschaften genannt, und endlich spricht man auch von einer graduellen Zu- und Abnahme des Gedächtnisses, der Aufmerksamkeit, der Einbildung, des Verstandes, der Vernunft. Hiernach scheint es, als ob in der That von jedem zur Intelligenz des Menschen gehörigen Bestandtheile eine graduelle Steigerung gedacht werden dürfe. Und doch ist dies entschieden unrichtig.

Abgesehen nämlich von den Fällen, wo, wie bei den Empfindungen, Gefühlen, Wahrnehmungen, Erinnerungen, Affecten, Begierden, wegen der Zu- und Abnahme entweder der sie veranlassenden Reize oder der sie erwirkenden Vorstellungen auch eine Zu- und Abnahme der Bewusstseinsstärke eintreten muss und also auch der Gedanke einer graduellen Steigerung berechtigt ist, wird dieser Gedanke in allen anderen Fällen nur deshalb gebraucht, weil man gewohnt ist, den betreffenden psychischen Zuständen und Vorgängen eine Kraft voranzustellen oder sie selbst als Aeusserungen und Wirkungen einer Thätigkeit und Kraft zu denken. Aus diesem Grunde spricht man von einer graduellen Zunahme des Gedächtnisses, der

Aufmerksamkeit, des Verstandes, weil man eben Gedächtniss, Aufmerksamkeit und Verstand als geistige Kräfte ansieht und zwar als solche Kräfte, deren Wirksamkeit intensiv gesteigert werden könne, und die mithin in ihren höheren Graden auch mehr zu leisten vermöchten. Diese Ansicht, deren sprachlicher Ausdruck allgemein verbreitet und auch im Titel dieser Abhandlung angewandt ist, muss aber in der Wissenschaft als ganz unhaltbar verworfen werden, weil sie weder von den psychischen Thatsachen selbst getragen wird, noch in ihrem metaphysischen Sinne mehr als eine Einbildung ist. Ohne uns in die metaphysische Erörterung des Kraftbegriffes einzulassen, kann der empirische Sachverhalt leicht an einem Beispiele gezeigt werden.

Ich wähle dazu die vermeintliche Verstandeskraft. Gesetzt, es werde Jemandem die Reihe der Sätze vorgesprochen, aus denen gefolgert wird, dass die Winkelsumme des geradlinigen Dreiecks gleich zwei rechten ist. Was ist nöthig, damit der Hörer den Beweis versteht und das Bewiesene folgert? Es ist nöthig, dass er eine bestimmte Anzahl von Begriffen ihrer Bedeutung nach kennt, dieselben in einer bestimmten Abfolge und Verbindung denkt, bei dieser Abfolge und Verbindung das schon Gedachte bei dem zunächst zu Denkenden nicht vergisst, und schliesslich die Gesammtheit aller gebrauchten Begriffe in der bestimmten Abfolge und Verbindung denjenigen logischen Effect unbeeinträchtigt vollziehen lässt, welcher aus den zugehörigen Bewusstseinsinhalten so gewiss in der Conclusion entspringt, wie gewiss dieselbe eben auf diesem und keinem anderen Bewusstseinsinhalte beruht oder, wie man sagt, durch sie begründet ist. Die geringste Abweichung von den genannten Bedingungen hat zur Folge, dass der Beweiss nicht verstanden wird.

Ist nun hierbei die Annahme irgend einer vor dem Denken der betreffenden Begriffe vorhergehenden Kraft nöthig, welche aus ihrem abgesonderten Orte hervortretend diese Begriffe gleichsam erst erfassen, ja sie vielleicht sogar erst bilden und dann mit einander verknüpfen und von sich aus ihnen eine Beweisskraft und mit ihr das Bewusstwerden des Verständnisses mittheilen musste? Eine solche Annahme wäre durch Nichts gerechtfertigt, weil die von den vorausgesetzten Bewusstseinsinhalten, deren Bildung sich wiederum aus ihren eigenen Bedingungen nachweissen lässt, selbst ausgehende Wirkung vollständig ausreicht, den Zustand, den wir verstehen, Verständigkeit, Verstand nennen, eintreten zu lassen. Hier sind sämmtliche Grössen und Bedingungen sichtbar und in ihrer Bestimmtheit gegeben. Der Verstand geht ihnen nicht vorher, sondern folgt erst nach aus ihrem gegenseitigen Verhalten, und bleibt aus, wenn dies nicht statthat. Der Verstand ist keine für sich bestehende, wirkende Kraft oder Ursache, sondern er ist selbst ein Erwirktes, erst allmälig Entstehendes und höchst Bedingtes.

Für die Wissenschaft ist es eine unverständige, das heisst, nicht auf Verständniss beruhende Redensart, wenn man im wörtlichen Sinne verlangt, man solle den Verstand eines Kindes bilden. Die Kinder haben noch keinen Verstand, können aber solchen erwerben. Es liegt in ihnen keine eigenthümliche Verstandeskraft schlummernd oder latent da, auf die man behufs ihrer Aufweckung oder Entbindung einwirken könnte, damit sie sich allmälig graduell steigere. Nichts von diesem Allen ist Thatsache. Vielmehr darauf kommt es an, dass zunächst bestimmte Bewusstseinsinhalte oder, wie man sagt, Anschauungen, Vorstellungen und Erinnerungen mit Hilfe der physischen und psychischen Causalitäten veranlasst werden. Diese werden dann, wenn sie mit der nöthigen Bewusstseinsstärke da sind, auch schon die logische Causalität in Gang bringen, und nur, wie weit dies geschieht, so weit wird auch Verstand entstehen. Wo keine Anschauungen, Vorstellungen und Erinnerungen sind, da ist kein Verstand möglich. Die Bildung nicht des Verstandes, sondern zum Verstande ist weder die Ausdehnung einer schon vorhandenen Fähigkeit noch die Steigerung einer unbekannten, verborgenen Kraft, sondern eine Bildung bestimmter concreter Anschauungen, Vorstellungen, Erinnerungen und derjenigen Verhältnisse derselben zu einander, in denen die Bedingungen der psychischen wie logischen Causalität liegen. Bilden heisst hier so viel, wie die Bedingungen herbeiführen, dass Kräfte entstehen, die noch nicht waren. Daher gewinnt das Kind auch immer nur innerhalb derjenigen Vorstellungen, überhaupt derjenigen Bewusstseinsinhalte Verstand, welche es besitzt und deren Verhältnisse sich so fügen, wie es zur Erzeugung einer neuen Kraft nöthig ist, — und nur so viel Verstand gewinnt es, wie viele von diesen Bedingungen erfüllt sind. Eben deshalb hat ein Mensch in gewissen Vorstellungsgebieten grossen und starken Verstand, in anderen Vorstellungsgebieten schwächeren, in noch anderen gar keinen; und was man hier grösser, stärker, schwächer nennt, ist keine Steigerung eines schon früher Vorhandenen, sondern eine bessere oder schlechtere Formbildung bestimmter Bewusstseinsinhalte oder eine grössere Summe solcher, auf deren Wirksamkeit sich mit Sicherheit rechnen lässt. Es giebt nicht bloss einen und nicht einerlei Verstand, sondern viele Sorten, je nach dem Unterschiede der Vorstellungsgebiete. Aber einerlei und gleichartig sind sie allerdings insofern, als alle Sorten auf einerlei Bedingungen und Ursachen basiren.

Was nun von der Verstandeskraft gilt, das würde sich leicht auch von dem Gedächtniss, der Einbildung, der Aufmerksamkeit, der Vernunft als giltig nachweisen lassen. Immer ist, was man unter diesen sogenannten Kräften zu denken hat, nicht wirklich Kraft, nicht Ursache, sondern Wirkung und Erfolg. Freilich, wenn diese Erfolge da sind, dann können sie allerdings in ihrer Eigenthümlichkeit auch wiederum in andern Fällen mitwirken, aber immer nur als Effecte der ihnen zugehörigen Grundlagen und Verhältnisse.

Ist dies nun richtig, so kann auch der Verstand des Menschen oder irgend eine seiner übrigen intellectuellen Eigenschaften nicht durch die graduelle Steigerung einer in einem Thier vorausgesetzten homogenen Kraft entstanden sein: denn eine solche Kraft hat es niemals gegeben. Was erfahrungsmässig in unsern Kindern nicht statthat, in ihnen sich überhaupt nicht ereignen kann, das kann sich auch im Laufe von Jahrtausenden nicht im Thierreich ereignet haben. Hier wie dort müssen immer erst die psychischen Elemente, das heisst bestimmte Bewusstheitsinhalte vorhanden sein, unter denen und zwischen denen dann auch nach bestimmten Bedingungen sich diejenigen Wirkungen und Gegenwirkungen einstellen können, deren bewusstvoller Effect bald Gedächtniss, bald Einbildung und Phantasie, bald Aufmerksamkeit, bald Verstand, bald Vernunft, überhaupt Intelligenz genannt wird. Diese psychischen Elemente sind in den Thieren die Sinnesempfindungen, die daraus entstehenden Wahrnehmungsbilder, die reproducirten Rückstände beider, allerlei körperliche Gefühle und Begierden. Der Mensch theilt diese Elemente mit dem Thier. In beiden Geschöpfen entsteht aus ihnen nach psychischen Gesetzen das, was daraus entstehen kann, und soweit ist die Gränze der Bildung beider Geschöpfe dieselbe. Diese Gränze wird im Menschen nicht dadurch überschritten, dass das, was innerhalb derselben liegt, sich im Menschen immer weiter ausdehne, sich graduell steigere, überhaupt bloss quantitativ wachse: vielmehr beginnt auf dieser gemeinsamen Grenze im Menschen etwas ganz Neues, wozu im Thiere die Bedingungen fehlen.

Die logische Bedeutung der zweiten Antithese besteht also in dem Nachweis, dass die Abstammungslehre behufs der Ableitung der höheren Geistesbildung des Menschen aus der niedrigeren geistigen Bildung des Thieres über die Natur der sogenannten Geisteskräfte und über die Art ihrer Ausbildung Begriffe zu Grunde legt, die theils zu unbestimmt und unklar, theils nachweisbar unrichtig sind, als dass die daraus gezogenen Folgerungen den Anspruch auf Wahrheit erheben dürften. Solche Sätze, wie dass die Verschiedenheit an Geist zwischen den Menschen und den höheren Thieren nur eine Verschiedenheit des Grades, nicht der Art sei, und anderseits Ausdrücke, wie graduelle, stufenweise Fortbildung, Entwickelung der Geisteskräfte des Thieres, sind so elastisch, dass sie leicht zu Hüllen werden, die sich über den wirklichen Thatbestand der betreffenden Zustände und Vorgänge täuschend ausbreiten, oder sich wie ein dehnbares Material gebrauchen lassen, mit welchem die Kluft zwischen Mensch und Thier leicht überbrückt wird. Mir deucht, als ob die an dieser Stelle der Abstammungslehre vorhandene Schwäche und Fehlerhaftigkeit mit der Unbestimmtheit ihres fundamentalsten Begriffes, nämlich des Begriffes der Variabilität der Individuen, zusammenhinge. Schon für die Anwendung dieses Begriffes auf dem Gebiete der materiellen Umbildung der Organismen zu höheren Formen, wofür er zunächst auch nur bestimmt war, ist das Bedürfniss einer genaueren Definition desselben gefühlt, durch welche Demjenigen, was unter den äusseren Einflüssen steht, auch eine eigene innere Mitwirkung zu dem Zustandekommen des daraus erwachsenden Effectes zugeschrieben wird.[8] Dies, scheint mir, ist nun in Betreff desselben Begriffes, von dem doch die Vorstellung einer graduellen Steigerung auch einen Bruchtheil ausmacht, noch mehr da nöthig, wo die Fortbildungen eines Systemes innerer qualitativer Zustände, unzweifelhaft nicht bloss äussere Bewegungsveränderungen und Umstellungen von Theilen im Raum in Folge rein mechanischer Kraftwirkuungen, sondern Fortbildungen einer

Welt des Bewusstseins in Frage stehen. Es ist Thatsache, dass der unbewusst seiende und unbewusst wirkende Theil vom Inhalt der Welt an gewissen Stellen aufhört und ein bewusst seiender und bewusst wirkender Theil anfängt und dass in solchen Theilen sich wiederum Unterschiede sowohl rücksichtlich der Qualität als auch der Formen und Verhältnisse darstellen, in denen die innere Fortbildung dieser Bestandtheile der Welt stattfindet. Es scheint mir undenkbar, dass man hinter die Bedingungen, Ursachen und, wenn man will, wirkenden Kräfte, von denen diese Fortbildungen innerer Zustände, innerer Thätigkeiten, inneren Lebens abhängen, jemals kommen könnte ohne die Annahme ihrer Natur nach speciell unterschiedlicher Elemente, die sich ihrer Natur gemäss auch an ihrer eigenen Fortbildung betheiligen. Ebenso halte ich es für undenkbar, dass nicht auch hierbei bestimmte Gränzen gezogen sein sollten, sondern dass alles in einem continuirlichen Strome stattfinden müsste, eine Vorstellung, die bei einer genauen Prüfung einer wesentlichen Correction bedürftig erscheint. Eine von solchen Gränzen, die in der Fortbildung des Inhaltes der Welt bis zu dem uns bekannten höchsten Systeme inneren Lebens statthat, scheint mir auch die zwischen Thier und Mensch zu sein, welche Beide unzweifelhaft auf einer gewissen gemeinsamen Basis stehen, aber doch so, dass der Beiden gemeinsame Theil im Menschen zu einem Elemente mit einer eigenartigen höheren Bildsamkeit gehört. Der Mensch ist der einzige sicher bekannte Fall, der uns ein fassbares und thatsächliches Beispiel davon gewährt, das der Naturmechanismus, der die Körperwelt gänzlich und die geistige Welt in ihren fundamentalen Ereignissen beherrscht, in der letzteren mit einem nicht mehr an mechanische Nothwendigkeit gebundenen, sondern intellectuellen Gesetzen unterworfenen Systeme von Ereignissen im Zusammenhange stehen kann und steht.

Dieses Alles weist darauf hin, dass, wenn der Mensch in der That von einem thierischen Leibe abstammt, in das aus diesem Leibe hervorgegangene erste Glied in der Reihe der Menschen auch ein neues Princip eingetreten sein muss, durch dessen Gegenwirkung gegen den Leib und die Aussenwelt und durch dessen eigenartige Befähigung diejenige innere Entwickelungsgeschichte begann und sich an die thierische anschloss, die wir die Entwickelungsgeschichte des menschlichen Geistes nennen.

Anmerkungen.

[1] Für Leser, welchen Darwin's Lehre weniger bekannt ist, sei bemerkt, dass derselbe vier Gruppen von Thatsachen anführt, in denen er die ursächlichen Verhältnisse erblickt, aus denen die Umwandlung der organischen Geschöpfe bis zu ihrem gegenwärtigen Bestande herkomme. 1) Jedes Individuum ist veränderlich; nicht zwei Individuen sind einander gleich; es giebt eine individuelle Variabilität. 2) Eigenschaften der Eltern gehen auf die Nachkommen über; es giebt Vererbung. 3) Vom Verhältnisse des Individuums zu den in der Aussenwelt gegebenen günstigen oder ungünstigen Lebensbedingungen hängt sein Fortbestand ab; ein Individuum, das zu den äusseren Verhältnissen passt, existirt sicherer, als ein anderes, bei dem dies weniger der Fall ist. Vom Standpunkte der Natur kann man sagen, sie lese gleichsam die Individuen aus, insofern sie die den Lebensbedingungen entsprechenden bestehen, die anderen zu Grunde gehen lässt, es finde gewissermassen eine natürliche Auslese, eine Zuchtwahl von Seiten der Natur statt. Vom Standpunkte der Individuen kann man sagen, dass jedes gewissermassen um sein Leben kämpfe und zwar in einer erschwerenden Concurrenz mit anderen. Dieses Verhältniss wird kurz der Kampf ums Dasein genannt. 4) Zwischen den Theilen des thierischen Organismus findet eine derartige Abhängigkeit statt, dass die Abänderung des einen auch eine Abänderung anderer nach sich zieht. Man nennt dies die Correlation.

[2] Nur ein paar Gedanken will der Verfasser in Betreff der Abstammungslehre bei dieser Gelegenheit noch aussprechen.

Zuerst bin ich der Ansicht, dass, wenn die Frage nach der Herkunft des Menschengeschlechtes nicht unweigerlich und ein für alle Mal abschliessend durch die Annahme eines besonderen göttlichen Schöpfungsactes, wodurch der Mensch gleich fertig in den Zusammenhang der vorhandenen Dinge hineingesetzt sei, beantwortet werden soll, dann ohne allen Zweifel gar nichts Anderes übrig bleibt, als die Annahme, dass der Mensch von einem vor ihm gewesenen Säugethiere abstammt. Wird der Urmensch, wie beschaffen er auch in seiner ersten Menschlichkeit gewesen sein mag, als ein aus schon vor ihm vorhandenen Geschöpfen in natürlicher Weise entstandenes Geschöpf gedacht, so kann er nicht sogleich fix und fertig aufgetreten, sondern muss erst als ein Junges, als ein einer mütterlichen Ernährung und Pflege bedürftiges Kind, also als das Junge eines Säugethieres in die Welt gekommen sein. Anderswoher als von einer Mutter herkommend und durch eine Mutter genährt wird keine Wissenschaft, unter der genannten Voraussetzung, den Menschen denken können.

Gesetzt nun, es wäre wirklich erwiesen, dass der Mensch von einer Thierart abstamme, so fragt es sich zweitens, ob eine solche Erkenntniss in der That der religiösen Auffassung der Welt widerstritte, das heisst, sowohl überhaupt mit einer würdigen Idee von Gott unvereinbar sei, als auch insbesondere jeden Gedanken einer Mitbetheiligung Gottes an der Entstehung des hier in Betracht kommenden Theiles der Welt, nämlich des Menschengeschlechtes, ausschliessen würde. Beide Fragen müssen nach meinem Dafürhalten verneint werden: die Annahme einer Abstammung des Menschengeschlechts von einer Thierart widerstreitet weder der Gottesidee, noch schliesst sie unbedingt den religiösen Gedanken aus, dass ein Mitwirken Gottes bei den bezüglichen Vorgängen sich betheiligt habe. Diese Annahme widerstreitet ebenso wenig der Religion, wie die Annahme eines Mitwirkens Gottes beim Zustandekommen der Welt der Wissenschaft widerstreitet.

Wie dies gemeint ist, lässt sich am besten durch einen in der Geschichte dieser Fragen vorgekommenen Fall deutlich machen.

Es gab nämlich eine Zeit, wo der noch jetzt von Vielen festgehaltene Glaube, dass, wenn ein Medicament einen Kranken heile, dies nicht auf natürlichem Wege, sondern durch die Einwirkung Gottes vermittelst des Medicamentes geschehe, in der allgemeinsten Form von namhaften Denkern angenommen war. Die allgemeinste Form dieses Glaubens bestand darin, dass man sagte, es könne überhaupt kein Ding als solches auf ein anderes Ding einwirken, also auch kein Ding als solches von einem anderen Dinge leiden, sondern überall und in allen Fällen, wo eine bestimmte Veränderung auf einen bestimmten Vorgang folge, da sei es immer die göttliche Allmacht, die dies bewirke. Alle gesetzlichen Abfolgen der Ereignisse in der Welt sollten in jedem einzelnen Falle nicht durch die Natur der dabei betheiligten Dinge, sondern durch ein gelegentliches Wirken Gottes hervorgebracht werden. Dieser Ansicht nun, nach welcher alle Begebenheiten in der Welt durch ebenso viele Wunder, die Gott verrichtet, zu Stande kommen, trat damals G. W. Leibniz mit dem Satze entgegen, dass es wohl erwogen der göttlichen Allmacht und Weisheit viel mehr entspreche und Gottes würdiger sei, wenn man alle die vermeintlichen Einzelwunder sogleich in ein einziges Wunder zusammenfasse, welches durch Gott sogleich bei dem Acte der Weltschöpfung derartig verrichtet sei, dass von da an jedes Ding ein für alle Mal so zu wirken habe, wie es seiner Natur und deren Verhältniss zur Natur der anderen Dinge gemäss sei. Hierdurch erlangte Leibniz das, worauf es für ihn ankam. Er hielt den Gedanken der Weltschöpfung in einer der Idee Gottes würdigen Weise aufrecht und gab andrerseits der Wissenschaft die volle Berechtigung, die Ereignisse in der Welt so aufzufassen, dass sie aus der eigenen Natur der Dinge nach unwandelbaren Gesetzen ableitbar seien.

Diese Leibniz'schen Gedanken kann man nun in solcher Weise abändern, dass dadurch die Annahme, der Mensch stamme von einem Thier ab, aufhört, die Würde des Menschen und insbesondere die Idee Gottes zu verletzen, und dass andrerseits auch die streng wissenschaftliche Auffassung und Erforschung der Dinge und Ereignisse gewahrt wird. Man kann nämlich denken, dass gerade der von der Abstammungslehre angegebene Weg von Gott als eine Regel für die Entwicklung des uns bekannten Theiles der Schöpfung angeordnet sei, und zwar so, dass, nachdem der rein mechanische Theil des Weltgebäudes mit seinen Gesetzen als Basis für alles Nachfolgende sicher gelegt war, in das Getriebe desselben successiv neue Elemente eintreten mussten, deren Natur dazu tauglich war, dass mit ihrem Eintritt die Wechselwirkungen zwischen inneren und äusseren Zuständen, das heisst, die Bildungen belebter Massen begannen. War die Summe dieser Elemente in den die Erdgeschichte leitenden Process eingetreten, das heisst nach unserer Sprache, war die Pflanzenwelt und mit ihr das System der Bedingungen für den Eintritt einer zweiten Classe neuer Elemente in das Bestehende vorhanden, so ging durch die Mitwirkung der durch die Wesen dieser zweiten Classe beeinflusste Zustand eines Pflanzenorganismus in das Reich der thierischen Organismen über. Hatten Mitglieder des Thierreichs sich so weit fortgebildet, dass wiederum die Lebensbedingungen für eine neue Periode erfüllt waren, so trat eine dritte Classe neuer Bestandtheile des Weltinhaltes in die Organismen derselben ein und es begann die Geschichte des Menschengeschlechtes, deren Entwicklung noch nicht zu Ende ist. Die Anfänge dieser Perioden hätte man nicht etwa durch jedesmalige Eingriffe Gottes hervorgebracht zu denken, vielmehr fände das successive Eintreten der neuen Wesen in die schon erreichten Bildungen als ein ebenso gesicherter Bestandtheil des im Voraus festgestellten Planes statt, wie dasselbe von dem successiven Fortschreiten der Verbindungen und Wechselwirkungen unter den im unbewussten Dasein beharrenden Elementen gilt. Auf diese Weise würden die Organismen nach ihrer materiellen, körperlichen Seite sich allmälig und in gewissem Sinne continuirlich gemäss den Ansichten der Abstammungslehre fort- und ausgebildet haben, während in Betreff der in diesen Organismen stattfindenden inneren Bildung Zeitpunkte waren, in denen ganz neue Ansätze gemacht wurden, so dass hier also discrete Reihen sich entwickelten. Der letzte von diesen neuen Ansätzen fand statt, als eine kleinere oder grössere Anzahl solcher Wesen, in denen die menschliche Geistesbildung zu beginnen und sich fortzusetzen berufen war, in Leiber der bis dahin höchst organisirten Thiere eintrat. Der Mensch würde nach dieser Ansicht zwar körperlich von einem Thiere abstammen und durch diese Abstammung dem Natursystem eingeordnet sein, sein inneres geistiges Leben aber wäre die Entwicklung eines eigenartigen Princips.

3 Die Abstammung des Menschen und die geschlechtliche Zuchtwahl, von Charles Darwin. Aus dem Englischen übersetzt von J. Victor Carus. 3. Aufl. Stuttgart 1875. 1. Band. S. 84—189.

4 Ch. Darwin a. a. O. S. 98.

5 Des Verfassers Abhandlung über die Natur und Entstehung der Träume. Leipzig 1874. S. 67.

6 In Fr. Rückert's Gedicht Aus der Jugendzeit:

„Als ich Abschied nahm, als ich Abschied nahm
Waren Kisten und Kasten schwer;
Als ich wieder kam, als ich wieder kam
War Alles leer.“

[7] Hierher gehören auch solche Fälle, wo, wie man meint, die Thiere bewusstvoll einen Unterschied zwischen den Dingen machen, zum Beispiel wenn das Huhn aus dem Schutthaufen die Larven oder ein anderer Vogel aus einem Haufen verschiedener vermischter Körner nur diejenigen aussucht und findet, die er frisst oder die er am liebsten frisst. Diese Vorgänge sind als Erfolge der Wirkungen und Gegenwirkungen unmittelbar bewusster Wahrnehmungen und entsprechender reproducirter Rückstände früherer Wahrnehmungen ganz verständlich, ohne dass dabei ein Bewusstsein des Unterschiedes braucht vorausgesetzt zu werden: das Unterschiedliche wirkt als solches, ohne dass gewusst wird, dass es unterschiedlich ist.

[8] Zeitschrift Daheim. Nr. 19. 1878. In ähnlicher Weise werden sich auch die Fälle interpretiren lassen, welche Darwin erzählt: „Wenn irgend ein kleiner Gegenstand vor einen der Elephanten im Zoologischen Garten auf den Boden geworfen wird, zu weit für ihn, um ihn zu erreichen, so bläst er mit seinem Rüssel jenseits des Gegenstandes auf den Boden, um durch den dort von allen Seiten reflectirten Luftstrom den Gegenstand in seinen Bereich treiben zu lassen.“ Und: „Ein Bär suchte mit seiner Pfote in dicht an seinem Käfig stehendem Wasser eine Strömung zu erregen, um ein Stückchen auf dem Wasser schwimmenden Brotes in seinen Bereich zu bringen.“ Darwin fragt: „Diese Handlungen des Elephanten und Bären können kaum dem Instincte oder vererbter Gewohnheit zugeschrieben werden, da sie für die Thiere im Naturzustande nur von wenig Nutzen sein würden. Was ist nun der Unterschied zwischen solchen Handlungen, wenn sie ein uncultivirter Mensch ausführt und wenn sie eines der höheren Thiere verrichtet?“ Ich denke, der Unterschied ist nicht zweifelhaft. Beim Thier wirkt nur die Reproduction einer Association von Wahrnehmungen, die in früherer Zeit zufällig gemacht sind, oder, wie man sagt, die Reproduction einer Erfahrung. Dass die hier nöthigen associirten Wahrnehmungen entstanden, ist desshalb begreiflich, weil beide Thiere in der Gefangenschaft waren, wo ihnen der Mensch oft genug essbare Gegenstände wird hingeworfen haben. Ich bezweifle, dass der Elephant und der Bär in der Wildniss zu solchen Handlungen gelangen werden, und sollte es da auch geschehen, so ist eben das eine Exemplar glücklicher, als die anderen, oder vielleicht günstiger disponirt. Ohne Zweifel kann auch der Mensch nicht a priori dazu gekommen sein, dass er pusten oder im Wasser einen Wirbel hervorbringen müsse, um Etwas zu erreichen: es wird auch bei ihm zuerst dieses oder jenes Einzelerlebniss gewesen sein, welches die Abfolge zweier Glieder enthielt, wobei eine Begehrung des einen mitwirkte. Aber die Benutzung dieser Einzelerfahrung ist beim Menschen anderer Art, insofern sich dieselbe auf Fälle beziehen kann, deren Glieder mit den Wahrnehmungen der ersten Erlebnisse gar nicht mehr zusammenhängen, sondern bei denen nur das Bewusstsein des gleichen Verhältnisses wirkt. —

[9] Darwin a. a. O. S. 107 sagt: „Wenn ein Hund in der Entfernung einen andern Hund sieht, so ist es oft ganz klar, dass er nur im abstracten Sinne wahrnimmt, dass es ein Hund ist; denn wenn er näher herankommt, so ändert sich sein ganzes Wesen plötzlich, wenn der andere Hund mit ihm befreundet ist.“ Man braucht hier statt der Worte „im abstracten Sinne“ nur die

Worte zu setzen, dass er in unklarem und undeutlichem Sinne wahrnimmt, um auf den Weg der richtigen psychologischen Interpretation dieses und ähnlicher Fälle zu kommen, die sämmtlich zu den Vorgängen gehören, welche die deutsche Psychologie die äussere Apperception nennt.

10 G. W. Leibniz sagt: Les bêtes passent d'une imagination à une autre par la liaison, qu'elles y ont sentie autres fois; par exemple quand le maître prend un baton le chien apprehende d'être frappé. Et en quantité d'occasions les enfans de même que les autres hommes n'ont point d'autre procedure dans leurs passages de pensée à pensée. On pourroit apeller cela conséquence et raisonnement dans un sens fort étendu; mais j'aime mieux me conformer à l'usage reçu, en consécrant ces mots à l'homme et en les restraignant à la connaissance de quelque raison de la liaison des perceptions, que les sensations seules ne sauroient donner. cf. Nouveaux essais, l. II. ch. XI. La mémoire fournit une espèce de consécution aux ames, qui imite la raison, mais qui en doit être distinguée. C'est que nous voyons que les animaux ayant la perception de quelque chose qui les frappe et dont ils ont eu perception semblable auparavant, s'attendent par la représentation de leur mémoire à ce qui y a été joint dans cette perception précédente et sont portés à des sentimens semblables à ceux qu'ils avoient pris alors. Les hommes agissent comme les bêtes en tant que les consécutions de leurs perceptions ne se font que par le principe de la mémoire, ressemblans aux Médecins empiriques, qui ont une simple practique sans théorie, et nous ne sommes qu'Empiriques dans les trois quarts de nos actions. cf. Monadologie § 26.

11 Studien zur Descendenz-Theorie, von Dr. Aug. Weismann. Leipzig 1875 u. 1876. Der Verfasser sagt im 2. Theile, S. 303: „Ich habe schon vor einer Reihe von Jahren betont, dass der erste und vielleicht wichtigste, jedenfalls der unentbehrlichste Factor bei jeder Umwandlung die physische Natur des Organismus selbst ist. Es wäre ein Irrthum, zu glauben, dass lediglich die Aussenwelt bestimme, welcherlei Abänderungen zu einer bestimmten Art auftreten sollen, vielmehr hängt die Natur dieser Abänderungen wesentlich von der physischen Constitution dieser Art selbst ab, und eine wirklich erfolgende Abänderung kann offenbar nur als das Resultat aus dieser Constitution und aus den auf sie einwirkenden Einflüssen der Aussenwelt betrachtet werden. — Nun wird allerdings von Darwin jede Abänderung in grösserem Betrage als directe oder indirecte Folge äusserer Einwirkungen betrachtet; allein es wird bei jeder indirecten Wirkung doch immer schon ein gewisses geringes Maass von Veränderlichkeit (individuelle Variabilität) vorausgesetzt, ohne welche grössere Abänderungen nicht zu Stande kommen können. Empirisch ist dieses geringe Maass von Veränderlichkeit zweifellos vorhanden; es fragt sich aber, worauf es beruht. Lässt sich dasselbe auf mechanischem Wege entstanden denken, oder ist vielleicht gerade hier der Punkt, wo das metaphysische Princip einsetzt und diejenigen kleinsten Variationen darbietet, welche den nach dieser Ansicht unabänderlich vorgeschriebenen Gang der Entwicklung möglich machen? Eine theoretische Definition der Variabilität ist es, ohne welche die Selectionslehre allerdings noch immer dem Einschmuggeln einer zweckthätigen Kraft die Thüre offen lässt. Eine mechanische Erklärung der Variabilität muss die Grundlage

dieser Seite der Selectionstheorie bilden.“ Leibniz sagt: Eine mechanische Erklärung ist diejenige, welche das Fragliche aus Figuren und Bewegungen ableiten kann. Ich stimme dem Verfasser bei, dass man auf den Gebieten räumlicher Bildungen damit auskommt und, wenn man die Figuren weglässt und den Begriff der Bewegung etwas modificirt, auch auf einem Theil von dem Gebiete des geistigen Lebens, wo der Begriff des Mechanismus seine Gültigkeit behält. Dieser Mechanismus hat aber seine Grenze und zwar an den Stellen, wo zu seinen Wirkungen eine andere Seite desselben Wesens wirkend hinzutritt, das zugleich der Träger eines Mechanismus und einer denselben benutzenden höheren Activität ist. Nur unter der Voraussetzung einer determinirenden Mitwirkung dieser anderen Seite wird mir die reale Möglichkeit einer fortschreitenden Geistesbildung denkbar.

Kolibri 360 GmbH
Ferdinand-Jühlke-Straße 7
99095 Erfurt, Deutschland
produktsicherheit@kolibri360.de